AF350184

POLO DE INSPIRACIÓN
MATEMÁTICA, CIENCIA Y TRADICIÓN

Miguel Iradier

Índice

POLO DE INSPIRACIÓN
MATEMÁTICA, CIENCIA Y TRADICIÓN

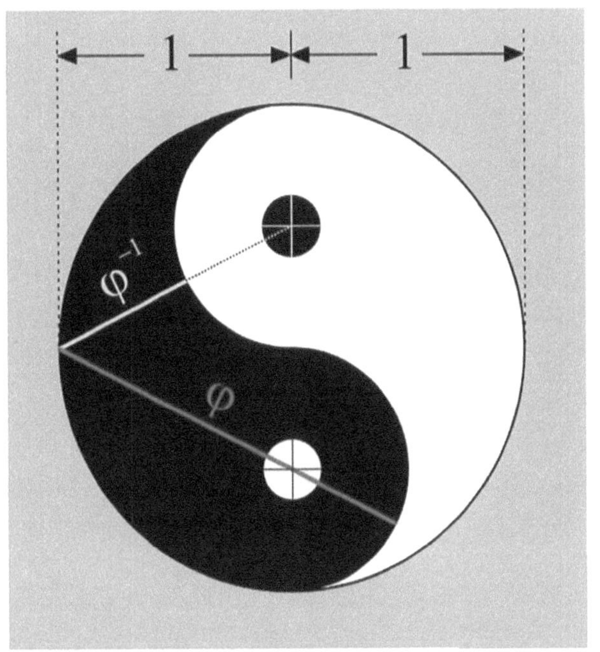

Miguel Iradier

1. Hilo de Ariadna

Los que gusten de problemas sencillos, pueden intentar demostrar esta relación antes de seguir adelante. Es insultantemente fácil:

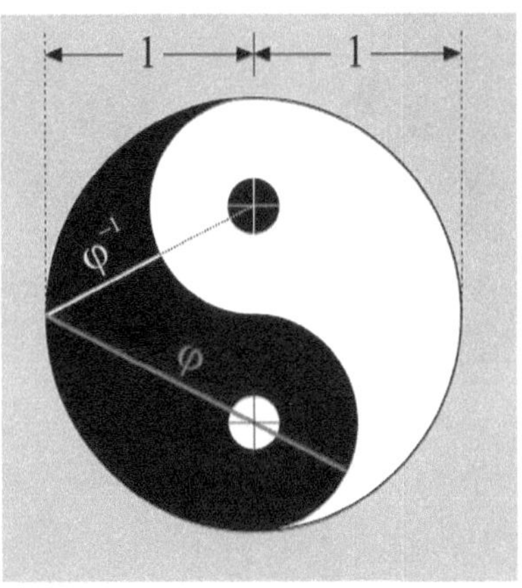

$$\varphi = 1/\varphi + 1 = \varphi^{-1} + 1 = 1/\varphi^{-1}$$

Debemos este afortunado descubrimiento a John Arioni. El que quiera puede ver la elemental demostración, junto a otras relaciones inesperadas, en la página correspondiente de *Cut the knot*, [1]. El número φ es, naturalmente, la razón áurea $(1+\sqrt{5})/2$, en cifras decimales $1{,}6180339887...$, y cuyo recíproco es

0,6180339887. Y puesto que sus infinitas cifras pueden calcularse por medio de la fracción continua más simple, aquí también la llamaremos *razón continua* o *proporción continua,* debido a su rol de mediador entre aspectos discretos y continuos de la naturaleza y la matemática.

Podría pensarse que esta es la típica asociación casual de las páginas de matemáticas recreativas. Se puede obtener φ de muchas maneras con círculos, pero por lo que sé ésta es la más elemental de todas, y la única en que la unidad de referencia es el radio. Dicho de otro modo, esta relación parece demasiado simple y directa para no contener algo importante. Y sin embargo no se ha descubierto sino muy recientemente.

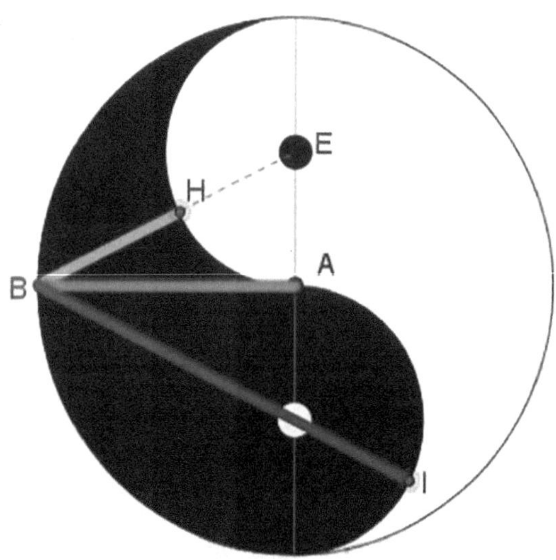

John Arioni

Desde Euclides y probablemente desde mucho antes, la entera historia de las investigaciones sobre esta proporción se ha derivado de la división de un segmento "en extrema y media razón", y ha proseguido con la construcción de cuadrados y rectángulos. Los casos más inmediatos implicando al círculo provienen de la construcción del pentágono y el pentagrama, conocidos sin duda por los pitagóricos; pero no hace falta saber nada de matemáticas para darse cuenta de que la relación contenida en este símbolo es de un orden mucho más fundamental —tanto como, desde el punto de vista cuantitativo, el 2 está más cerca del 1 que el 5, o desde el punto cualitativo, la díada está más cerca de la mónada que la péntada.

Si el círculo y su punto central son el símbolo más general y abarcador de la mónada o unidad, aquí sin duda tenemos la proporción más inmediata y reveladora de la reciprocidad, o simetría dinámica, presentada tras la división en dos partes. El *Taijitu* tiene una doble función, como símbolo del Polo supremo, más allá de la dualidad, y como representación de la primera gran polaridad o dualidad. Se encuentra, como si dijéramos, a mitad de camino entre ambos, y ambos se vinculan por una relación ternaria —justamente la proporción continua.

Una relación es la percepción de una conexión dual, mientras que una proporción o correlación implica una relación de tercer orden, una "percepción de la percepción". Desde al menos los tiempos del triángulo de Kepler, hemos sabido que la razón áurea articula y conjuga en sí misma las tres medias más fundamentales de la matemática: la media aritmética, la media geométrica, y la llamada media armónica entre ambas.

Podríamos preguntarnos qué hubiera ocurrido si Pitágoras hubiera conocido esta correlación, que ciertamente habría exaltado a Kepler también. Se dirá que, como cualquier otro supuesto contrafáctico, la pregunta es irrelevante. Pero la pregunta podría no estar dirigida tanto a los pasados que pudieron ser como a los futuros posibles. Pitágoras difícilmente hubiera podido sorprenderse tanto como nosotros, puesto que nada sabía de los valores decimales de φ o de π. Hoy sabemos que son dos razones con un número infinito de cifras, y que sin embargo se vinculan de manera exacta por la más elemental relación triangular.

La verdad matemática está más allá del tiempo, pero su revelación y construcción no. Esto nos permite ver ciertas cosas con la mirada de una Geohistoria, como si dijéramos, en cuatro dimensiones. Se ha especulado sobre lo que habría pasado si los griegos hubieran conocido y hecho uso del cero, sobre si tal vez hubieran desarrollado el cálculo moderno. Ello es muy dudoso, pues aún habrían necesitado dar una serie de grandes saltos muy lejanos a su concepción del mundo, como el sistema de numeración, el cero y su uso posicional, la idea de derivada, etcétera. Las espirales dobles eran un motivo común en la Grecia arcaica, y las especulaciones aritmológicas de los pitagóricos, muy similares en naturaleza a las que con el paso del tiempo desarrollaron los chinos; pero por lo que fuera los griegos no entrelazaron las dos espirales en una, y, en la misma China, no se llegó a un diagrama como el que hoy conocemos sino hasta finales de la dinastía Ming, tras una larga evolución.

Lo que es sólo otro ejemplo de cuánto cuesta ver lo más simple. No es tanto la cosa misma, sino el contexto en el que emerge y en el que encaja. Según se mire, esto puede ser tan alentador como desalentador. En el conocimiento siempre hay un alto margen para simplificar, pero como en tantas otras cosas, ese margen depende en la mayor medida de saber encontrar las circunstancias.

El *Taijitu,* el símbolo del polo supremo, es un círculo, una onda y un vórtice todo en uno. Por supuesto, el vórtice está reducido a su mínima expresión en la forma de una doble espiral. De forma característica, los griegos separaron sus espirales dobles, y llegaron con el tiempo a dibujarlas cuadradas, en lo que hoy conocemos como grecas. No es sino otra expresión de su gusto por la estática, un gusto que también sirvió de marco general para la recepción de la proporción continua en la matemática y el arte, y que ha llegado hasta nosotros a través del Renacimiento.

La serie de números que aproximan hasta el infinito la razón continua, conocida ahora como números de Fibonacci, aparecía ya mucho antes en los triángulos de números consagrados en la India al monte Meru, "la montaña que rodea al mundo", que es justamente otra designación del Polo. Como es sabido, de esta figura, conocida en Occidente como triángulo de Pascal, se derivan un enorme número de propiedades combinatorias, de teoría de la probabilidad o de escalas y secuencias de notas musicales.

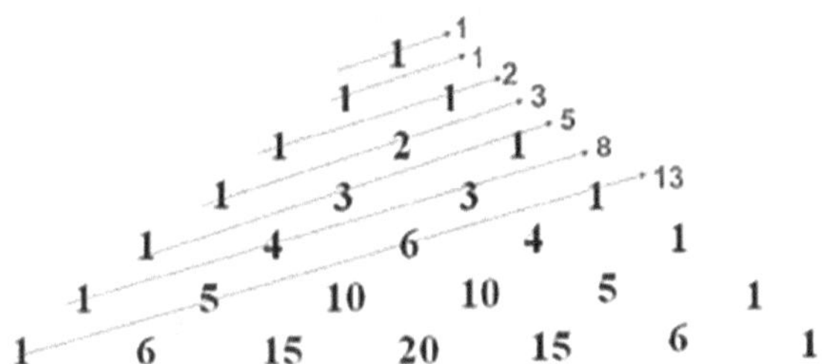

El triángulo polar, conocido en otras culturas como triángulo de Khayyam o triángulo de Yang Hui, es uno de esos objetos matemáticos de los que se dice que están "extraordinariamente bien conectados": de él pueden derivarse la expansión binomial, las distribuciones binomial y normal de la estadística, la transformada $sen(x)^{n+1}/x$ del análisis armónico, la matriz y la función exponencial, o los valores de los dos grandes engranajes del cálculo, las constantes π y e. Resulta casi increíble que la elemental conexión con el número de Euler no se haya descubierto hasta el año 2012 —por Harlan J. Brothers. Se trata, en lugar de sumar todas las cifras de cada fila, simplemente de extraer la ratio de ratios de su producto; la diferencia entre sumas y productos es un motivo que emergerá varias veces a lo largo de este artículo.

El triángulo polar parece una representación aritmética y "estática", mientra que el *Taijitu* es como una instantánea geométrica de algo puramente dinámico. Sin embargo las complejas implicaciones para la música de este triángulo, parcialmente exploradas por el gran trabajo de investigación de Ervin Wilson, burlan en buena medida las separaciones creadas por adjetivos como "estático" y "dinámico". En cualquier caso, si la escalera de cifras descrita por el monte Meru es un despliegue infinito, al ver las líneas escondidas en el diagrama circular del Polo sabemos de inmediato que se trata de algo irreductible —la primera nos ofrece su despliegue aritmético y la segunda su repliegue geométrico.

La primera mención conocida del triángulo, si bien de forma críptica, se encuentra en el Chanda□śāstra de Pingala, donde el monte Meru se muestra como arquetipo formal para las variantes métricas en la versificación. También cabe decir que el primer autor chino que trata del triángulo polar no es Yang Hui sino Jia Xian (ca. 1010–1070), estricto contemporáneo del primer autor que difundió el símbolo del yin y del yang, el filósofo y cosmólogo Zhou Dunyi (1017–1073).

Hoy en día muy pocos son consciente de que ambas figuras son representaciones del Polo. Es mi conjetura que todas las relaciones matemáticas que pueden derivarse del triángulo polar también pueden encontrarse en el *Taijitu*, o al menos generarse a partir de él, aunque ciertamente bajo un aspecto muy diferente, y con un cierto giro que posiblemente implique a φ. Ambas serían la expresión dual de una misma unidad. Queda para los matemáticos ver qué hay de cierto en esto.

Entre contar y medir, entre la geometría y la aritmética, tenemos las áreas básicas del álgebra y el cálculo; pero hay sobrada evidencia de que éstas últimas ramas se han desarrollado en una dirección particular más que en otras —más en descomponer que en recomponer, más en el análisis que en la síntesis, más en las sumas que en los productos. Así que el estudio de las relaciones entre las dos expresiones del polo podría estar llena de interesantes sorpresas y resultados básicos pero no triviales, y plantea una orientación muy diferente para las matemáticas.

Se observa que el triángulo aritmético tiene diversas asociaciones con aspectos fundamentales del cálculo y la constante matemática *e*, mientras que el *Taijitu* y la constante φ carecen a este respecto de conexiones relevantes —de ahí el carácter totalmente marginal de la proporción continua en la ciencia moderna. Se ha dicho que ésta es una relación estática, a diferencia de la íntima relación con el cambio del número de Euler. Sin embargo el carácter extremadamente dinámico del símbolo del yin y el yang ya nos advierte de un cambio general de contexto.

Durante siglos el cálculo ha estado disolviendo la relación entre la geometría y el cambio en beneficio de la aritmética, de no tan puros números. Ahora podemos darle la vuelta a este reloj de arena, observando lo que ocurre en la ampolla superior, la inferior y en el cuello.

*

La disposición de la proporción continua entre el yin y el yang en un entorno puramente curvilíneo no solo no es estática sino que por el contrario no puede ser más dinámica y funcional, y, efectivamente, el *Taijitu* es la expresión más acabada de actividad y dinamismo con el número mínimo de elementos. El diagrama tiene además una intrínseca connotación orgánica y biológica, evocando de forma inevitable la división celular, que en realidad es asimétrica, y, al menos en el crecimiento vegetal, sigue a menudo una secuencia gobernada por esta razón. Es decir, el contexto en el que aquí emerge la razón continua es la verdadera antítesis de su recepción griega prolongada hasta hoy, y eso debería tener profundas consecuencias en nuestra percepción de dicha proporción.

Oleg Bodnar ha desarrollado un elegante modelo matemático de la filotaxis vegetal con funciones hiperbólicas áureas en tres dimensiones y con coeficientes recíprocos de expansión y contracción que puede verse en el gran libro panorámico que Alexey Stakhov dedica a la Matemática de la Armonía [2]. Es un ejemplo de simetría dinámica que puede conjugarse perfectamente con el gran diagrama de la polaridad, con independencia de la naturaleza de las fuerzas físicas subyacentes.

La presencia de patrones espirales basados en la proporción continua y sus series numéricas en los seres vivos no parece demasiado misteriosa. Ya sea en el caso de un nautilo o de zarcillos vegetales, la espiral logarítmica —el caso general- permite un crecimiento indefinido sin cambio de forma. Las hélices y espirales son un resultado inevitable de la dinámica del crecimiento, por la acreción constante de material sobre lo que ya está allí. En todo caso habría que preguntar por qué entre todas las posibles medidas de la espiral logarítmica surgen tan a menudo las que se acercan a este número en particular.

Y la respuesta sería que las aproximaciones discretas a la proporción continua tienen también unas propiedades óptimas desde varios puntos de vista —y el crecimiento celular depende en última instancia del proceso discreto de división celular, y a niveles de organización más elevados, de otros elementos discretos como las hojas. Puesto que la convergencia de la razón continua es la más lenta, y las plantas tienden a ocupar al máximo el espacio disponible, esta proporción les permite emitir el mayor número de hojas en un espacio dado.

Esta explicación parece, desde un punto de vista descriptivo, suficiente, y hace innecesario invocar la selección natural o mecanismos más profundos relacionados con la física. Sin embargo, además de la relación básica entre lo continuo y lo discreto, contiene implícito un vínculo de gran alcance entre formas generadas por un eje, como las piñas de un pino, y la termodinámica, en particular con el llamado "principio de la máxima producción de entropía", que volveremos a encontrar más adelante.

Ni que decir tiene que no pensamos que esta proporción contenga "el secreto" para ningún canon universal de belleza, puesto que seguramente un canon tal ni siquiera existe. Sin embargo su presencia recurrente en los patrones de la naturaleza nos muestra aspectos muy variados de un principio espontáneo de organización, o autoorganización, detrás de lo que denominamos superficialmente "diseño". Por otra parte la aparición de esta constante matemática, por sus mismas irreductibles propiedades, en un gran número de problemas de máximos y mínimos — de optimización- y de parámetros con puntos críticos permite vincularla natural y funcionalmente con el diseño humano y su búsqueda de las configuraciones más eficientes y elegantes.

La emergencia de la razón continua en el símbolo dinámico del polo —del principio mismo- augura un cambio sustantivo tanto en la contemplación de la naturaleza como en las construcciones artificiales de los seres humanos. Contemplación y construcción son actividades antagónicas. Una va de arriba abajo y la otra de abajo arriba, pero siempre se produce alguna suerte de equilibrio entre ambas. La contemplación permite liberarnos de los vínculos ya construidos, y la construcción se apresta a llenar el vacío resultante con otros nuevos.

Resulta un tanto extraño que la razón continua, a pesar de su frecuente presencia en la naturaleza, se encuentre tan poco conectada con las dos grandes constantes del cálculo, π y e —salvo por la ocurrencia de la "espiral logarítmica áurea", que es sólo un caso particular de espiral equiangular. Sabemos que tanto π como e son números trascendentales, mientras que φ no lo es, aunque sí es el "número más irracional", en el sentido de que es el de más lenta aproximación por números racionales o fracciones. φ también es el más simple fractal natural.

Hasta ahora, el vínculo más directo con las series trigonométricas ha sido a través del decágono y las identidades $\varphi = 2\cos 36° = 2\cos (\pi/5)$. Tampoco hasta ahora se ha asociado demasiado con los números imaginarios, siendo i, por así decirlo, la tercera gran constante, que se conjuga con las dos citadas en la fórmula de Euler, de la que la llamada identidad de Euler ($e^{i\pi} = -1$) es un caso particular.

El número e, base de la función que es su propia derivada, aparece naturalmente en tasas de cambio, las subdivisiones ad infinitum de una unidad que tienden a un límite y en la mecánica ondulatoria en general. Los números imaginarios, por otro lado, tan comunes en la física moderna, aparecen por primera vez con las ecuaciones cúbicas y retornan cada vez que se asignan grados de libertad adicional al plano complejo.

En realidad los números complejos se comportan exactamente como vectores con dos dimensiones, en los que la parte real es el producto interno o escalar y la parte llamada imaginaria corresponde al producto cruz o vectorial; así que sólo cabe asociarlos a movimientos, posiciones y rotaciones en el espacio en dimensiones adicionales, no a las cantidades físicas propiamente dichas.

Esto se dice más fácil que se piensa, puesto que es aún más "complejo" determinar qué es una cantidad física o una variable matemática independientemente de cambio y movimiento. Tanto para interpretar geométricamente el significado de vectores y números complejos en física como para generalizarlos a cualquier dimensión, se puede usar una herramienta como el álgebra geométrica —ese "álgebra que fluye de la geometría", al decir de Hestenes; pero aún así queda más para la geometría de lo que podemos pensar.

Muchos problemas se simplifican en el plano complejo, o al menos eso nos aseguran los matemáticos. Uno de ellos bajo el seudónimo *Agno* enviaba en el 2011 una entrada a un foro de matemáticas con el título "Razón Áurea Imaginaria", que muestra una conexión directa con π y e : $\Phi i = e^{\pm \pi i/3}$ [3]. Otro autor anónimo encontró esta misma identidad en 2016, junto con similares derivaciones, buscando propiedades fundamentales de una operación conocida como "adición recíproca", de interés en cálculos de resistencias en paralelo y en circuitos. Siendo la refracción un tipo de impedancia, también puede tener pertinencia en la óptica. Nuestro motivo de partida puede relacionarse desde el comienzo también con las series geométricas y funciones hipergeométricas ordinarias y con argumento complejo asociadas a fracciones continuas, formas modulares y series de Fibonacci, e incluso con la geometría no conmutativa [4]. La razón áurea imaginaria, en cualquier caso, refleja como en un espejo muchas de las cualidades de su modelo real.

El *Taijitu* es un círculo, una onda y un vórtice, todo en uno. El genio sintético de la naturaleza es bien diferente del de el hombre, y no necesita ninguna unificación porque le basta con no separar.

A la naturaleza, como decía Fresnel, no le importan las dificultades analíticas.

El diagrama del *Taijitu* viene a ser una sección plana de una doble espiral expandiéndose y contrayéndose en tres dimensiones, movimiento éste que parece darle una "dimensión adicional" en el tiempo. Resulta siempre un auténtico desafío la visualización y recreación animada de este proceso, a la vez espiral y helicoidal, dentro de un cilindro vertical, que no es sino la representación completa de *la propagación indefinida de un movimiento ondulatorio*, el "vórtice esférico universal" en el que se detiene René Guenon en tres muy breves capítulos de su obra "El simbolismo de la Cruz" [5]. La cruz de la que habla Guenon es ciertamente un sistema de coordenadas en el sentido más metafísico de la palabra; pero el lado más físico del tema no es en absoluto despreciable.

La propagación de una onda en el espacio es un proceso tan simple como difícil de captar en su integridad; no hay más que pensar en el principio de Huygens, el modo universal de propagación, que subyace también a toda la mecánica cuántica, y que entraña una deformación continua en un medio homogéneo.

En ese mismo año de 1931 en que Guenon escribía sobre la evolución del vórtice esférico universal, se publicaba el primer trabajo sobre lo que hoy conocemos como la fibración de Hopf, el mapa de las conexiones entre una esfera tridimensional y otra en dos dimensiones. Esta fibración, tan enormemente compleja, se encuentra incluso en un simple oscilador armónico bidimensional. También en ese año, el físico Paul Dirac conjeturaba la existencia de ese unicornio de la física moderna conocido como monopolo magnético, que trasladaba el mismo tipo de evolución al contexto de la electrodinámica cuántica.

Un acercamiento completamente fenomenológico a la clasificación de los diferentes vórtices nos la da el maravilloso trabajo de Peter Alexander Venis [6]. No hay aquí nada de matemática, ni avanzada ni elemental, pero se propone una secuencia de transformaciones de 5 + 5 + 2, o bien 7 clases de vórtices con mucho tipos e incontables variantes que se despliegan desde lo completamente indiferenciado para volver de nuevo a lo indiferenciado —o a la infinidad de la que habla Venis. Las transiciones desde el punto sin extensión a las formas aparentes de la naturaleza sin el concurso de los vórtices son cuando menos arbitrarias, de ahí su importancia y universalidad.

Peter Alexander Venis

Venis no toca ni la matemática ni la física de un tema complejo como los vórtices, y por supuesto no aplica a ellos la proporción continua; por el contrario nos brinda el privilegio de una visión virgen de estos ricos procesos, y en la que, como sin quererlo, parecen darse cita la visión de un naturalista presocrático y la capacidad de síntesis de un sistematizador chino.

Aun si la secuencia de Venis admite variaciones, nos ofrece en todo caso un modelo morfológico de evolución que va más allá del alcance de las ciencias y disciplinas ordinarias. El autor engloba bajo el término "vórtices" procesos de flujo que pueden tener rotación o no, pero hay un buen motivo para hacerlo, puesto que esto es necesario para abarcar condiciones clave de equilibrio. También aplica la teoría del yin y el yang de una forma a la vez lógica e intuitiva, que probablemente admite una traducción elemental a los principios cualitativos de otras tradiciones.

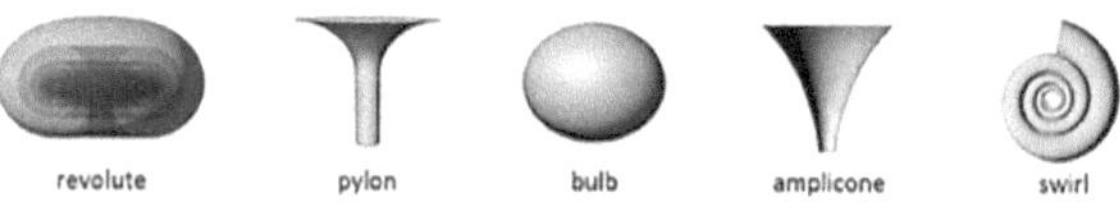

Peter Alexander Venis

[20]

El estudio de esta secuencia de transformaciones, en la que se unen estrechamente cuestiones de acústica y de imagen, debería ser de interés inmediato para profundizar en los criterios de la morfología y el diseño incluso sin necesidad de adentrarse en consideraciones ulteriores. Pero hay mucho más que eso, y luego volveremos sobre ello.

Una descripción independiente de métricas sería, justamente, el contrapunto perfecto para un sujeto tan perjudicado por la discrecionalidad y la arbitrariedad en los criterios de medida como el estudio de la proporcionalidad. Naturalmente, también la matemática dispone de herramientas esencialmente libres de métrica, como las formas diferenciales exteriores, que permiten estudiar los campos de la física con la máxima elegancia. Entonces, tal vez, las métricas de las que se ocupa la física podrían ejercer de término medio entre ambos extremos.

Así pues, en esta búsqueda por definir mejor el entorno de aparición de la razón continua en el mundo de las apariencias, podemos hablar de tres tipos de espacios básicos: el espacio amétrico, los espacios métricos, y los espacios paramétricos.Por espacio amétrico entendemos los espacios que son libres de métrica y la acción de medir, desde la secuencia puramente morfológica de vórtices ya comentada a la geometría proyectiva y la afín o las partes independientes de métrica de la topología o las formas diferenciales.

El espacio amétrico, el espacio sin medida, es el único y verdadero espacio; si a veces hablamos de espacios amétricos es sólo por las diversas conexiones posibles con los espacios métricos.

Por espacios métricos, entendemos sobre todo a los de los de las teorías fundamentales en física, no sólo las actualmente en circulación sino también otras relacionadas, con un énfasis especial en el espacio métrico euclídeo en tres dimensiones de nuestra experiencia ordinaria. Incluyen constantes físicas y variables, pero aquí nos interesan particularmente las teorías que no dependen de constantes dimensionales y pueden expresarse en proporciones o cantidades homogéneas.

Por espacios paramétricos o espacios de parámetros entendemos los espacios de correlaciones, datos, y valores ajustables que sirven para definir modelos matemáticos, con cualquier número de dimensiones. Podemos llamarlo también el sector algorítmico y estadístico.

No nos vamos a ocupar aquí de las incontables relaciones que puede haber entre estos tres tipos de espacios. Baste decir que para salir de este laberinto de la complejidad en el que ya se encuentran inmersas todas las ciencias el único hilo de Ariadna posible, si es que hay alguno, tiene que describir un camino retrógrado: de los números a los fenómenos, con el énfasis puesto en estos últimos y no al contrario. Y nos referimos a fenómenos que no están ya previamente acotados por el espacio de medida.

Mucho se ha hablado de la distinción entre las "dos culturas", las ciencias y las humanidades, pero se debe observar que, antes de intentar cruzar esa distancia hoy por hoy insalvable, habría que empezar por salvar la brecha entre ciencias naturales, descriptivas, y una ciencia física que, al justificarse por sus predicciones, se confunde cada vez más con el poder de abstracción de la matemática mientras se aísla del resto de la naturaleza, a la que querría servir de fundamento. Revertir esta fatal tendencia es de la mayor importancia para el ser humano, y podemos dar por bien empleados todos los esfuerzos encaminados en esa dirección.

2. La física y la proporción continua

Ya vemos que existen razones puramente matemáticas para que la razón continua aparezca en los diseños de la naturaleza con independencia de la causalidad, ya sea física, química o biológica: de hecho la conveniencia del crecimiento logarítmico es independiente incluso de la forma propiamente dicha, como lo es el hecho elemental de la división discreta y asimétrica de las células.

Visto así, se trataría de una propiedad emergente, de un plano paralelo del acontecer. Por otra parte la idea de planos paralelos con una conexión meramente circunstancial con la realidad física resulta un tanto extraña, y en cualquier caso muy distante de lo que tan bien expresa el diagrama del polo —que ninguna forma ni nada aparente se sustrae a la dinámica.

El hecho es que la conexión entre la física y la proporción continua es muy tenue, por decir algo. Sin embargo tenemos importantes ocurrencias de esta razón incluso en el Sistema Solar, donde es casi imposible ignorar la mecánica celeste. Una mejor comprensión de la presencia de la proporción continua en la naturaleza no debería ignorar el marco que definen las teorías físicas fundamentales, ni lo que estas pueden dejar fuera.

Tenemos tres acercamientos posibles con grados crecientes de riesgo y profundidad:

1. Se puede estudiar la razón continua en la naturaleza con total independencia de la física subyacente, como una cuestión matemática; esta sería la postura más prudente, pero así hay bien poco que añadir a lo ya conocido —salvo, tal vez, por diversas implicaciones en teoría de la probabilidad y las distribuciones estadísticas. El citado A. Stakhov ha desarrollado una teoría algorítmica de la medida basada en dicha razón que puede usarse para analizar a su vez otras teorías metrológicas de ciclos, fracciones continuas y fractales como por ejemplo el llamado Escalamiento Global.

2. Se puede estudiar esta razón conforme a alguna de las visiones compatibles con la física conocida o estándar; por ejemplo, como lo ha hecho Richard Merrick, que hace una relectura neopitagórica de los aspectos colectivos armónicos de la mecánica ondulatoria, como las resonancias, y en las que *phi* sería un factor crítico de amortiguación [7]. Estas ideas son totalmente accesibles al experimento, ya sea en acústica o en óptica, de manera que pueden ser verificados o falsados.

La idea de interferencia armónica de Merrick está al alcance de cualquiera y no carece de profundidad. Se complementa naturalmente con la concepción holográfica promovida por David Bohm y su distinción entre el orden explicado y el orden implicado. Aunque la interpretación de Bohm no es estándar, sí es compatible con los datos experimentales. La teoría de la interferencia armónica también puede combinarse con otras teorías de ciclos y escalas matemáticas como las citadas.

3. O, finalmente, se pueden considerar teorías clásicas que difieren en alguna medida de las actuales teorías estándar, pero que pueden aportar perspectivas más profundas sobre el tema. Dentro de esta categoría, hay varios grados de cuestionamiento de las principales teorías vigentes: desde una lectura ampliada de la termodinámica, hasta revisiones en profundidad de la mecánica

clásica, la mecánica cuántica y el cálculo. Esta tercera opción no es muy especulativa, sino más bien divergente en el espíritu y la interpretación.

Aquí nos centraremos más en el tercer nivel, que puede parecer también el más problemático. Uno puede preguntarse qué necesidad hay de revisar la física mejor establecida para buscarle razones más profundas a una mera constante matemática que no las requiere. Además, los dos primeros niveles ya ofrecen espacio de sobra para la especulación. Pero esto sería una forma muy superficial de plantearlo.

No podemos profundizar en la presencia de la razón continua en un símbolo de la reciprocidad perfecta olvidándonos de la cuestión de si nuestras presentes teorías son el mejor exponente de la continuidad, la homogeneidad o la reciprocidad —y en verdad están muy lejos de serlo.

3. Dos tipos de reciprocidad

El *Taijitu,* emblema de la acción del Polo con respecto al mundo, y de la acción recíproca con respecto al Polo, recuerda inevitablemente, además, a la figura más universal de la física; nos estamos refiriendo naturalmente a la elipse —o más bien, habría que decir, a la idea de generación de una elipse, con su barrido de áreas y dos focos, puesto que aquí no existe ninguna excentricidad. La elipse aparece en las órbitas de los planetas no menos que en las órbitas atómicas de los electrones, y en el estudio de las propiedades de refracción de la luz da lugar a todo un campo de análisis, la elipsometría. El viejo problema de Kepler tiene invariancia de escala, y juega un papel determinante en todo nuestro conocimiento de la física desde la constante de Planck a las más lejanas galaxias.

En física, el principio de *reciprocidad* por excelencia es *el tercer principio de la mecánica* de Newton de acción y reacción, que está en el origen de todas nuestras ideas sobre la conservación de la energía y nos permite, por así decir, "interrogar" a las fuerzas cuando estamos obligados a suponer la constancia o proporcionalidad de otras cantidades. El tercer principio no habla de dos fuerzas diferentes sino de dos aspectos diferentes de la misma fuerza.

Ahora bien, la historia del tercer principio es curiosa, porque es casi obligado pensar que Newton lo estableció como clave de arco de su sistema para atar los cabos sueltos de la mecánica celeste —en particular en el problema de Kepler- antes que para la mecánica terrestre basada en el contacto directo entre los cuerpos. El tercer principio permite definir un sistema cerrado, y a los sistemas cerrados se ha referido toda la física fundamental desde entonces —sin embargo, es justamente en las órbitas celestes, como la de la Tierra entorno al Sol, donde menos puede verificarse este principio, puesto que el cuerpo central no está en el centro, sino en uno sólo de los focos. La fuerza designada por los vectores tendría que actuar sobre espacios vacíos.

Desde el primer momento se argumentó en el continente que la teoría de Newton era más un ejercicio de geometría que de física, aunque lo cierto es que, si la física y los vectores valían para algo, lo primero que fallaba era la geometría. Es decir, si suponemos que las fuerzas parten de y actúan sobre centros de masas, en lugar de meros puntos matemáticos. Pero, a pesar de lo que nos dice la intuición —que una elipse asimétrica sólo puede proceder de una fuerza variable, o bien de una generación simultánea desde los dos focos-, el deseo de expandir el dominio del cálculo se impuso sobre las dudas.

De hecho el tema ha permanecido tan ambiguo que siempre se ha intentado racionalizar con argumentos diferentes, ya sea el baricentro del sistema, ya sea la variación de la velocidad orbital, ya sea las condiciones iniciales del sistema. Pero ninguno de ellos por separado, ni la combinación de los tres, permite resolver el tema satisfactoriamente.

Puesto que nadie quiere pensar que los vectores están sometidos a un *quantitative easing*, y se alargan y acortan a conveniencia, o que el planeta acelera y se frena oportunamente por su propia cuenta como una nave autopropulsada, con el fin de mantener cerrada la órbita, se ha terminado finalmente por aceptar la combinación en una sola de la velocidad orbital variable y el movimiento innato. Pero ocurre que si la fuerza centrípeta contrarresta la velocidad orbital, y esta velocidad orbital es variable a pesar de que el movimiento innato es invariable, la velocidad orbital *es ya de hecho* un resultado de la interacción entre la fuerza centrípeta y la innata, con lo que entonces la fuerza centrípeta también está actuando sobre sí misma. Por lo tanto, y descontadas las otras opciones, se trata de un caso de *feedback* o *autointeracción* del sistema entero en su conjunto.

Así pues, habrá que decir que la afirmación de que la teoría de Newton explica la forma de las elipses, es, como mucho, un recurso pedagógico. Sin embargo esta pedagogía nos ha hecho olvidar que no son nuestra leyes las que determinan o "predicen" los fenómenos que observamos, sino que a lo sumo intentan encajar en ellos. Comprender la diferencia nos ayudaría a encontrar nuestro lugar en el panorama general.

La reciprocidad del tercer principio de Newton es simplemente inversa, por cambio de signo: a la fuerza centrífuga ha de corresponderle una fuerza opuesta de igual magnitud. Pero la reciprocidad más elemental de la física y el cálculo es la del producto inverso, como ya lo expresa la fórmula de la velocidad, (v = d/t), que es la distancia partida por el tiempo. En este sentido tan básico, tienen toda la razón los que han apuntado que la velocidad es el hecho y fenómeno primario de la física, del que el tiempo y el espacio se derivan.

El primer intento de derivar las leyes de dinámica del hecho primario de la velocidad se debe a Gauss, hacia 1835, cuando propuso una ley de la fuerza eléctrica basada no sólo en la distancia sino también en las velocidades relativas. El argumento era que leyes como la de Newton o la de Coulomb eran leyes de estática, más que de dinámica. Su discípulo Weber refinó la fórmula entre 1846 y 1848 incluyendo las aceleraciones relativas y una definición del potencial —un potencial retardado.

La fuerza electrodinámica de Weber es el primer caso de una fórmula dinámica completa en la que todas las cantidades son estrictamente proporcionales y homogéneas [8]. Fórmulas así parecían exclusivas de la estática de Arquímedes, o de leyes como la de la elasticidad de Hooke en su forma original. De hecho, aunque se trata de una fórmula expresa para cargas eléctricas y no una ecuación de campos, permite derivar las ecuaciones de Maxwell como un caso particular, e incluso pueden obtenerse los campos electromagnéticos integrando sobre el volumen.

La lógica de la ley de Weber podía aplicarse igualmente a la gravedad, y de hecho Gerber la utilizó para calcular la precesión de la órbita de Mercurio en 1898, diecisiete años antes de los cálculos de la Relatividad General. Como es sabido, la teoría de la Relatividad General aspiraba a incluir el llamado "principio de Mach", aunque finalmente no lo consiguió; pero la ley de Weber sí era enteramente compatible con tal principio además de usar explícitamente cantidades homogéneas, mucho antes de que Mach escribiera sobre el tema.

Se ha dicho que el argumento y la ecuación de Gerber era "meramente empírica", pero en cualquier otra época el no tener que crear postulados ad hoc se habría visto como la mejor virtud. En todo caso, si la nueva ley proporcional se utilizó para calcular una divergencia secular ínfima, y no para la elipse genérica, fue por la sencilla razón de que en un solo ciclo orbital no había nada que calcular ni para la vieja ni para la nueva teoría.

La fórmula puramente relacional de Weber no puede "explicar" tampoco la elipse, puesto que la fuerza y el potencial se derivan sin más del movimiento —pero al menos no hay nada *unphysical* en la situación, se garantiza el cumplimiento del tercer principio mientras se da cabida a una significación más profunda.

Irónicamente, al modificar la idea que se tenía de las fuerzas centrales, lo primero que Helmholtz y Maxwell le reprocharon a la ley de Weber era que no cumplía con la conservación de la energía, aunque finalmente en 1871 Weber demostrara que sí lo hacía con la condición de que el movimiento fuera cíclico —lo que ya era el requisito básico para la mecánica newtoniana o lagrangiana.

La conservación es global, no local, pero lo mismo valía para las órbitas descritas en los *Principia*, no menos que las de Lagrange. No hay conservación local de fuerzas que puedan tener significado físico. El mismo Newton habló de una honda, siguiendo el ejemplo de Descartes, al hablar del movimiento centrífugo, pero en ningún lugar de sus definiciones se habla de que las fuerzas centrales deban entenderse como unidas por una cuerda. Sin embargo la posteridad tomó el símil al pie de la letra.

¿Por qué afirmar que hay en cualquier caso feedback, autointeracción? Porque todos los campos gauge, caracterizados por la invariancia del lagrangiano bajo transformaciones, equivalen a un feedback no trivial entre la fuerza y el potencial, lo que a su vez se confunde con el eterno "problema de la información", a saber, cómo sabe la Luna dónde está el Sol y cómo "conoce" su masa para comportarse como se comporta.

Efectivamente, si el lagrangiano de un sistema —la diferencia entre la energía cinética y potencial- tiene un determinado valor y no es igual a cero, ello equivale a decir que la acción-reacción nunca se cumple de manera inmediata. Sin embargo el tercer principio de Newton se supone que se cumple de manera automática y simultánea, sin mediación de una secuencia de tiempo, y la misma simultaneidad se asume en la Relatividad General. La presencia de un potencial retardado, señala al menos la existencia de una secuencia o mecanismo, incluso si es incapaz de decirnos nada sobre él.

Lo cual nos demuestra que la reciprocidad aditiva y la multiplicativa son notoriamente diferentes; y la que nos muestra la proporción continua en el diagrama del Polo incluye la segunda clase. La primera es puramente externa y la segunda es interna al orden que se considera.

Todos los malentendidos del mecanicismo provienen de aquí. Y la diferencia esencial entre un sistema mecánico en el sentido trivial y un sistema ordenado u autoorganizado está justamente en este punto.

En su momento se creyó que los experimentos de Hertz confirmaban las ecuaciones de Maxwell y desmentían las de Weber, pero eso es otro malentendido porque si la ley de Weber —que fue el primero en introducir el factor relativo a la velocidad de la luz- no predecía ondas electromagnéticas, tampoco las excluía. Sencillamente las ignoraba. Por otra parte, tampoco han faltado los observadores perspicaces que han notado que en realidad lo único que demostró Hertz fue lo incuestionable de la acción a distancia, pero eso es ya otra historia.

Como contrapunto, vale la pena recordar otro hecho que demuestra, entre otras cosas, que Weber no se había quedado rezagado con respecto a su tiempo. Entre las décadas de 1850 y 1870 desarrolló un modelo estable del átomo con órbitas elípticas —muchas décadas antes de que Bohr propusiera su modelo de átomo circular, sin necesidad de postular fuerzas especiales para el núcleo.

La dinámica relacional de Weber muestra otro aspecto que a la luz de las presentes teorías puede parecer exótico: de acuerdo con sus ecuaciones, cuando dos cargas positivas se aproximan a una distancia crítica, producen una fuerza neta atractiva, en lugar de repulsiva. ¿Pero acaso no es la idea de una carga elemental exótica, o habrá que decir tan sólo puramente convencional? En cualquier caso, esto se aviene muy bien con el diagrama del *Taijitu*, en el que en puntos extremos se produce la inversión de las fuerzas polarizadas en su opuesto. Sin este rasgo, difícilmente podría hablarse de fuerzas y potenciales espontáneos, o si se quiere, "vivos".

4. La manzana y el dragón

Por lo que sé, Nikolay Noskov fue el primero en apreciar, en los años 90 del pasado siglo, que la dinámica de Weber era hasta el momento la única que permitía dar cuenta de la forma de las elipses, incluso si no pretendían dar una "explicación mecánica" de su creación. A ese respecto, Noskov insistió particularmente en asociar los potenciales retardados con vibraciones longitudinales *de los cuerpos en movimiento* para darle un contenido a la conservación, meramente formal en Weber, de la energía; también insistió en que su ocurrencia penetraba todo tipo de fenómenos naturales, desde la estabilidad de los átomos y sus núcleos, al movimiento elíptico orbital, el sonido, la luz, el electromagnetismo, el flujo del agua o las ráfagas de viento [9].

A pesar de los malentendidos sobre el tema, estas ondas longitudinales no son incompatibles con la física conocida, y Noskov recordaba que la misma ecuación de onda de Schrödinger es una mezcla de ecuaciones diferentes que describen ondas en un medio y ondas dentro del cuerpo en movimiento —y lo mismo ocurrió desde el comienzo con las "ondas electromagnéticas" de Maxwell, que incluso desde el punto de vista más clásico no pueden ser otra cosa que un promedio estadístico entre lo que ocurre en porciones de espacio y de materia.

Fue también Noskov quien advirtió que el comportamiento de las fuerzas y potenciales en la ley de Weber habían entrañado desde siempre un feedback, aunque no parece haber percibido que esto es extensible a todas las teorías gauge, y, finalmente, incluso a la propia mecánica celeste newtoniana, si bien en todos estos casos se presenta disfrazada. Los átomos serían definitivamente "tontos" sin esta capacidad de ajuste incorporada en la misma idea del campo.

*

Volvamos ahora a la razón continua. Miles Williams Mathis se pregunta cómo es que, habida cuenta de la igualdad $\Phi^2 + \Phi = 1$, no se ha relacionado *phi* con las más elementales leyes de cuadrados inversos de la física; más aún, se pregunta cómo es que no ha sido asociada con la propia esfera, siendo tan evidente que la superficie de una esfera también disminuye al cuadrado [10].

Podría argumentarse que la serie de Fibonacci no cae al cuadrado, pero el factor Φ sí, como puede visualizarse fácilmente en los cuadrados sucesivos de la espiral áurea (1, $1/\Phi$, $1/\Phi^2$, $1/\Phi^3$ ...) o en su expresión como raíz cuadrada continua. Mathis no está confundiendo el cuadrado inverso con la raíz cuadrada, sino que está hablando de *un factor de escala* entre dos hipotéticos subcampos el uno dentro del otro.

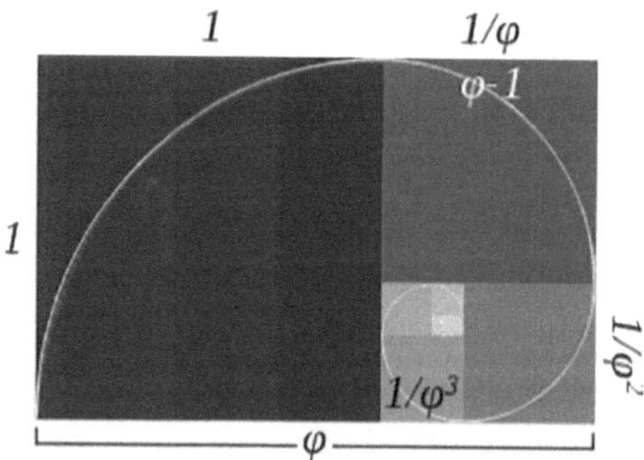

Miles Mathis: *More on the Golden Ratio and Fibonacci Series*

[34]

Puede que Mathis esté en lo cierto al insistir en que la presencia de *phi* debe tener *también* una causa física subyacente; el único problema es que la física moderna ignora y niega por completo una relación de escala entre carga y gravedad, en verdad luz y gravedad, como el que propone. Sin embargo el origen de su correlación se encuentra en el mismísimo problema de la elipse de Kepler, en el que quiere ver una acción conjunta de dos campos diferentes, el segundo basado no sólo en el cuadrado inverso de la distancia sino también en una ley inversa a la cuarta potencia ($1/r^4$) con un producto de la densidad por el volumen, en lugar de la fórmula habitual de masas.

Ahora bien, Mathis es quien primero que ha hablado expresamente de la conflación de la velocidad orbital y el movimiento innato en Newton, interpretando el lagrangiano como el velado producto de dos campos, de efectos atractivo y repulsivo, cuya proporción o intensidad relativa está en función de la escala y densidad [11].

La inclusión de la densidad tendría que ser fundamental en una física verdaderamente relacional que siguiera el espíritu de Arquímedes, lo que nos lleva de vuelta al tema de las ondas y las espirales. Las espirales son una ocurrencia común en astronomía, siendo las galaxias su manifestación más aparente; estas galaxias han sido descritas en términos de ondas de densidad.

También en el Sistema Solar y la distribución de sus planetas se ha querido ver una espiral logarítmica con Φ como clave. Como en el caso de la llamada "ley", o más bien regla de Titus-Bode, la existencia de un orden no aleatorio parece bastante evidente, pero el ajuste fino de los valores dados resulta un tanto arbitrario.

No hay ni que decir que la elipse es la transformación del círculo cuando su centro se divide en dos focos; aunque desde el otro punto de vista bien puede decirse, y ello no carece de importancia, que el círculo es sólo el caso límite de la primera. Abundando en el problema de Kepler, aunque bajo otra luz, Nicolae Mazilu nos remite al teorema de Newton sobre las elipses giratorias en precesión.

Newton ya había considerado cuidadosamente el caso de fuerzas decreciendo al cubo de la distancia, y en este caso hipotético los cuerpos describen órbitas en forma de espiral logarítmica, que por supuesto nadie ha observado.

Ahora bien, los trabajos de E. B. Wilson de 1919 y 1924 mostraban que las órbitas estables de los electrones en el átomo no eran elipses sino espirales logarítmicas; sólo que la fuerza implicada no es la fuerza de Coulomb, sino una *fuerza de transición entre dos órbitas* elípticas diferentes. La solución posterior del problema ha cubierto de olvido un modelo que también era consistente. Y como para todas las aplicaciones de las secciones cónicas a la física, también aquí se encuentra esa signatura de cambio en el potencial, el desplazamiento en la polarización o plano de fase conocido como *fase geométrica*, descubierta por Pancharatnam y generalizada con tanto éxito a la mecánica cuántica por Berry [12]

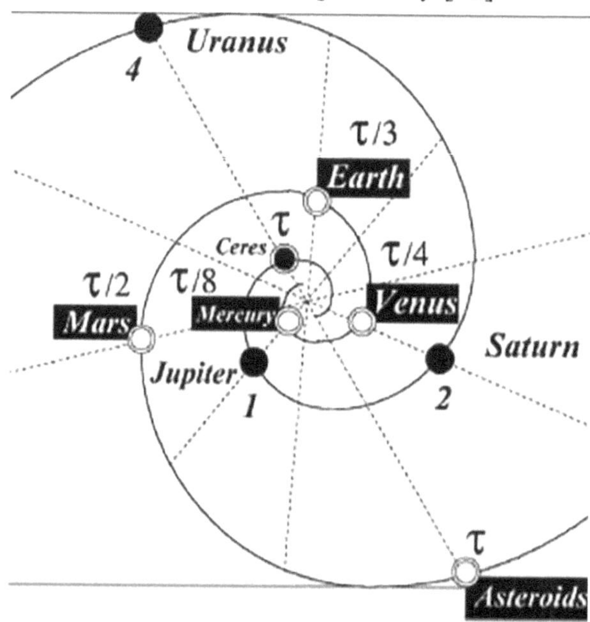

.Jan Boeyens: Commensurability in the Solar System

Diversos estudios han mostrado que la distribución de los planetas del Sistema Solar sigue la pauta de una espiral logarítmica áurea con una precisión de más del 97 por ciento, que puede aumentar si se tienen en cuenta los años siderales y periodos sinódicos del sistema en su conjunto [13]. Para Hartmut Müller, la proximidad se debería simplemente a la cercanía de *phi* al valor de $\sqrt{e}$, que es 1,648. Según otros recuentos que no he verificado, el promedio de la distancia entre planetas consecutivos desde el Sol a Plutón, tomando la distancia entre los dos anteriores como unidad, es justamente 1,618. Si se descarta este último planeta la media se desvía ampliamente, lo que da una idea de la fragilidad de estas calibraciones.

Se ha dicho a menudo que la armonía perceptible en el Sistema Solar no es posible sin algún mecanismo de feedback, mientras que el acercamiento newtoniano combina sin más una fuerza a distancia con trayectorias como las balas de cañón, dependientes de fuerzas externas o colisiones. Sin embargo ya hemos visto que incluso en el caso newtoniano se esconde una autointeracción al fundir en uno solo el movimiento innato y la velocidad orbital.

La mecánica celeste da paso a una versión más abstracta, la mecánica lagrangiana, para evitar este embrollo; la diferencia entre la energía cinética y la potencial se remiten a las llamadas "condiciones iniciales", pero estas no son otra cosa que el movimiento innato de Newton… el caso es que esta diferencia promedio del lagrangiano y la excentricidad promedio de las órbitas es *del mismo orden de magnitud* que las desviaciones de la distribución del sistema solar obtenidas por la espiral logarítmica áurea. Así pues, se puede tomar la densidad lagrangiana del sistema entero y sus promedios y ver cómo van encajando en ella los planetas con sus órbitas.

Parece ser que las publicaciones científicas han dejado de admitir estudios sobre la distribución planetaria, puesto que, al no tener una física subyacente, quedan relegados al limbo de la especulación numerológica. Sin embargo el lagrangiano usado rutinariamente en mecánica celeste tampoco es nada más que una pura analogía matemática, y existe sólo para difuminar diferencias del mismo orden de magnitud. Basta con admitir esto para darse cuenta de que en realidad no nos movemos en terrenos diferentes.

Admitirlo es admitir también que la gravedad es de suyo una fuerza de ajuste que depende del entorno y no una constante universal, pero esto es algo que ya está implícito en la mecánica relacional de Weber.

La teoría de Mathis, es más específica en el sentido de que contempla G como una transformación entre dos radios. No se ha ocupado de encajar sus propias nociones de la física subyacente a la Sección Áurea en la espiral del Sistema Solar, pero si ha tratado en detalle la Ley de Bode de forma mucho más simple basándose en una serie basada en $\sqrt{2}$, además de incluir naturalmente en ella la *equivalencia óptica,* el desatendido hecho de que muchos planetas vienen a tener el mismo tamaño desde el Sol, del mismo modo que muchos satélites tienen el mismo tamaño que el Sol vistos desde sus respectivos planetas. No se trata por tanto de una mera coincidencia puntual [13]. La equivalencia óptica sería el guiño final que nos dedica la Naturaleza para ver quién es más ciega, si ella o nosotros.

Y ya que parece una típica travesura de la Naturaleza, aquí vamos a permitirnos una pequeña diversión numerológica. La equivalencia óptica que se pone de manifiesto en los eclipses totales es una relación angular y proyectiva (con un valor aproximado de 1/720 de la esfera celeste) en concordancia con el número 108, tan importante en diferentes tradiciones, y que implica el número de diámetros solares que hay entre el Sol y la Tierra, el número de diámetros terrestres en el diámetro del Sol y el número de diámetros lunares que separa a la Luna de la Tierra.

En el pentagrama que sirve para construir una espiral áurea —y con el que también puede determinarse unívocamente una elipse en geometría esférica- vemos que los ángulos recíprocos del pentágono y la estrella son 108 y 72 grados. Por otra parte, el mismo Mathis comenta, sin relacionarlo para nada con la equivalencia óptica, que en los aceleradores la masa relativista de un protón suele encontrar un límite de 108 unidades que ni la Relatividad ni la mecánica cuántica explican, y hace una derivación del famoso factor gamma que lo vincula directamente con G.

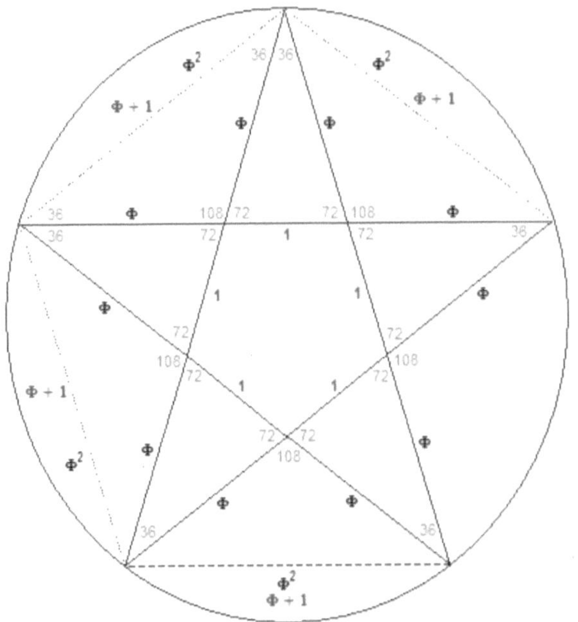

Dimensions of the pentagram and its relation to PHI - (by: Birol Koc) - EyePhi.com

Por supuesto, el factor relativista de Lorentz coincide con la mecánica de Weber hasta un cierto límite de energía —aunque en la segunda lo que aumenta es la propia energía interna y no la masa. No podría haber conexión más natural con la equivalencia óptica que la de la propia luz, y la teoría de Mathis establece una serie de ecuaciones e identidades entre la luz y la carga, la carga y la masa, y la masa con la gravedad.

Por el otro lado, si tiráramos una piedra en un pozo que perforara la Tierra de lado a lado, y esperáramos a que volviera igual que un muelle o un péndulo, tardaría unos 84 minutos, lo mismo que un objeto en una órbita cerrada. Si hiciéramos lo mismo con una partícula de polvo en un asteroide del tamaño de una manzana, pero de la misma densidad que nuestro planeta, el resultado sería exactamente el mismo. Este hecho, que parece asignar un papel importante a la densidad sobre la propia masa y la distancia, traspasa la apariencia del fenómeno gravitatorio, y debería resultarnos tan pasmoso como la comprobación de Galileo de que los objetos caen a la misma velocidad independientemente de su peso; también encaja muy bien en el contexto de una espiral igual a todas las escalas.

En cualquier caso el lagrangiano, la diferencia entre energía cinética y potencial, tiene que desempeñar un papel fundamental como referencia para el ajuste fino de los distintos elementos del Sistema Solar. En mecánica celeste, a pesar de lo que se diga, la integral siempre ha conducido al diferencial, y no al contrario. Como ya dijimos la ley descubierta por Newton no produce la elipse sino que aspira a encajar en ella.

Así pues tenemos la manzana de Newton y el Áureo Dragón de la Espiral del Sistema Solar. ¿Se tragará el Dragón a la Manzana? La respuesta es que no necesita tragársela, puesto que desde el principio ha estado dentro de él. Repitámoslo de nuevo: los campos gauge, caracterizados por la invariancia del lagrangiano bajo transformaciones, equivalen a un feedback no trivial entre la fuerza y el potencial, que a su vez se confunde con el eterno "problema de la información", a saber, cómo sabe la Luna dónde está el Sol y cómo "conoce" su masa para comportarse como se comporta. ¿Por qué se pregunta por el problema de la información al nivel de las partículas y se ignora donde puede verse a simple vista para empezar?

Considerando los ajustes del lagrangiano con respecto a un sistema descrito exclusivamente por fuerzas no variables, el entero Sistema Solar parece una enorme holonomía espiral.

El lagrangiano también puede esconder tasas virtuales de disipación —virtuales, claro, pues que las órbitas se conservan es algo que ya sabemos. De hecho lo que Lagrange hizo fue diluir el principio de trabajo virtual de D'Alembert introduciendo coordenadas generalizadas. Pero estamos tan acostumbrados a separar los formalismos de la termodinámica de los de los sistemas reversibles, supuestamente más fundamentales, que cuesta ver lo que esto significa. Sin embargo, el instinto más cierto nos dice que todo lo reversible no es sino pura ilusión, y los comportamientos reversibles, meras islas rodeadas por un océano sin formas. No hay movimiento sin irreversibilidad; pretender lo contrario es una quimera.

Mario J. Pinheiro ha querido reparar ese divorcio entre convicciones y formalismos proponiendo una reformulación de la mecánica alternativa a la mecánica lagrangiana, con un principio variacional para sistemas rotatorios fuera de equilibrio y un tiempo mecánico-termodinámico en un conjunto de dos ecuaciones diferenciales de primer orden. Aquí el equilibrio se da *entre la variación mínima de energía y la producción máxima de entropía.*

Esta termomecánica permite describir consistentemente sistemas con unas características bien diferentes de las de los sistemas reversibles, particularmente relevantes para el caso que nos ocupa: los subsistemas dentro de un sistema más grande pueden amortiguar las fuerzas que se ejercen sobre ello, y en lugar de estar esclavizados queda espacio para la interacción y la autorregulación. Puede haber un componente de torsión topológica y conversión de movimiento lineal o angular en movimiento angular. El momento angular sirve de amortiguador para disipar las perturbaciones, "un mecanismo de compensación bien conocido en biomecánica y robótica" [15] .

Hasta donde sé, la propuesta de Pinheiro de una mecánica irreversible es la única que da una explicación *apropiada* del famoso experimento de Newton del cubo de agua y el torbellino formado por su rotación, por el transporte de momento angular, frente a la interpretación absoluta de Newton o la puramente relacional de Leibniz, ninguna de las cuales hace verdaderamente al caso. Baste para ello recordar la observación elemental de que en este experimento la aparición del vórtice *requiere tanto tiempo como fricción,* y la materia es transferida a las regiones de mayor presión, signo claro de la Segunda Ley. Lo extraordinario es que no se haya insistido en esto antes de Pinheiro —algo que sólo puede explicarse por los papeles convenidos de antemano para las distintas ramas de la física. Por lo demás salta a la vista que muelles, torbellinos y espirales son las formas idóneas y más eficientes para la amortiguación.

Tal vez sea oportuno recordar que el llamado "principio de máxima entropía" no tiende hacia el máximo desorden, como muy a menudo se piensa incluso dentro del mundo de la física, sino más bien hacia lo contrario, y así es como lo entendió originalmente Clausius [16]. Esto establece un vínculo muy amplio pero esencial con el mundo de los sistemas más altamente organizados, a cuya cabeza solemos poner a los seres vivos. Por lo demás, basta con detenerse a contemplarlo un momento para comprender que una espiral como la del Sistema Solar *sólo tiene sentido como proceso irreversible y en producción permanente.*

El concepto de orden que introdujo Boltzmann no es menos subjetivo que el de armonía, siendo la principal diferencia que en la mecánica estadística los microestados, que no los macroestados, han recibido una más o menos adecuada cuantificación. Claro que no deja de ser otra grandiosa racionalización: la irreversibilidad de los fenómenos o macroprocesos se derivaría de la reversibilidad de los microprocesos. Pero la mera postulación de órbitas estacionarias en los átomos —pretender que pueda haber fuerzas variables en sistemas aislados- es ilegal tanto desde el punto de vista termodinámico como desde el mero sentido común.

El principio variacional propuesto por Pinheiro fue sugerido por primera vez por Landau y Lifshitz pero no ha tenido desarrollo hasta el día de hoy. Esto recuerda inevitablemente la idea de los *pozos de amortiguación* de la teoría de Landau y Zener, que surgen de la transferencia adiabática de par de torsión al cruzarse ondas sin interferencia destructiva. Richard Merrick ha relacionado directamente estos pozos o vórtices con las espirales áureas en condiciones de resonancia [17].

Muchos dirán que no se ve cómo pueden satisfacerse esas condiciones en el Sistema Solar, pero, una vez más, las resonancias de la teoría clásica de perturbaciones en la mecánica celeste de Laplace no se encuentran en mejor situación, no siendo otra cosa que puras relaciones matemáticas. Podría en todo caso decirse que están en peor situación, puesto que se nos pide que creamos que la gravedad puede tener un efecto repulsivo.

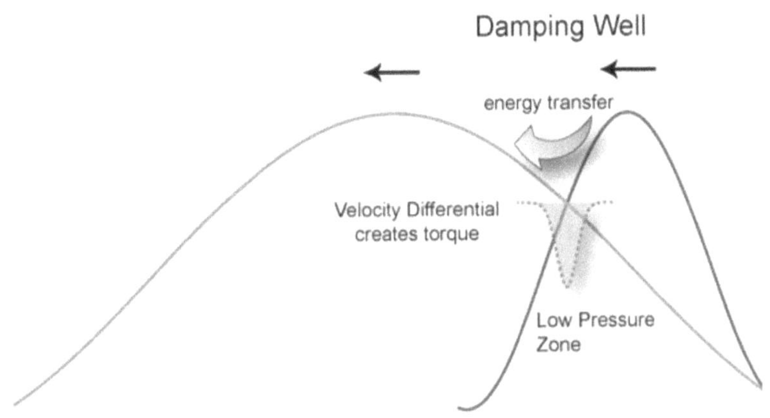

Richard Merrick: Harmonic formation helps explain why phi pervades the solar system.

Aunque la termomecánica de Pinheiro conlleva algo similar a esta forma de transferencia, que evoca el transporte paralelo de la fase geométrica, incorpora además un término para la energía libre termodinámica, y esta es la diferencia capital. Un sistema reversible es un sistema cerrado, y no hay sistemas cerrados en el universo.

La propia teoría de la interferencia armónica de Merrick se vería elevada a un nivel mucho más alto de generalidad con sólo apreciar que el principio de máxima producción de entropía no es contrario a la generación de armonía sino más bien conducente a ella.

El principio de máxima producción de entropía se puede trasladar a la mecánica cuántica sin apenas más sacrificio que el la idea de la reversibilidad, como ha mostrado la termodinámica cuántica de Gian Paolo Beretta, Hatsopoulos y Gyftopoulos; el tema es de extraordinaria importancia pero ahora nos llevaría demasiado lejos [18].

*

Los físicos se precian mucho del alto grado de precisión de algunas de sus teorías, lo que es harto comprensible habida cuenta de los trabajos que se toman en llevar adelante sus cálculos, en algunas ocasiones hasta diez y doce cifras decimales. Pocas cosas serían más elocuentes que tal precisión si llegara de forma natural, sin asunciones especiales ni arbitrarios ajustes ad hoc, pero en realidad ese suele ser el caso la mayoría de las veces. Aún no se puede medir el valor de la gravedad en la Tierra con más de tres cifras decimales, pero se pretenden hacer cálculos con diez o doce cifras hasta los confines del universo.

En el caso de Lagrange y Laplace esto es absolutamente evidente, y algún día nos preguntaremos cómo hemos podido aceptar sus métodos sin ni siquiera pestañear. Lo cierto es que esos procedimientos no se digirieron de la noche a la mañana, pero si finalmente se dieron por buenos fue precisamente por el deseo mismo de expandir más y más el dominio del cálculo, todo ello dentro de la idea, heredada de Newton y Leibniz, de que la Naturaleza no era sino una maquinaria de relojería de una precisión virtualmente infinita. Y para los medios qué mejor que servir al Ideal.

Con razón se ha dicho que si Kepler hubiera tenido datos más precisos, no hubiera avanzado su teoría del movimiento elíptico; y en verdad, los óvalos de Cassini, curvas de cuarto grado

[44]

con un producto de las distancias constante, parecen reproducir las trayectorias observables con mejor aproximación, lo que habría que atribuir a las perturbaciones. Estos óvalos plantean además interesantes y profundas cuestiones sobre la conexión dinámica entre elipses e hipérbolas. Curiosamente, los óvalos de Cassini se utilizan para modelar la geometría de la curvatura negativa espontánea de los glóbulos rojos, en los que también se ha encontrado la proporción áurea [19].

Como nota Mathis, los primeros análisis de perturbaciones incluían, ya desde Newton y Clairaut, un factor $1/r^4$ con *una fuerza repulsiva*, lo que muestra hasta qué punto los elementos "auxiliares" de la mecánica celeste están escondiendo algo mucho más importante [20].

Para la mirada del naturalista, acostumbrado a la muy variable precisión de las ciencias descriptivas, la espiral del Sistema Solar tendría que aparecer como el más espléndido ejemplo de ordenamiento natural; un orden tan magnífico que, a diferencia del de Laplace, puede incluir en su seno catástrofes sin apenas desdibujarse. Esta es una característica que atribuimos invariablemente a los seres vivos. Ya se juzgue como fenómeno natural o como organismo, teniendo todo en cuenta, la espiral muestra una precisión, más que suficiente, excelente.

¿Y cuál es el lugar del *Taijitu*, nuestro símbolo del Polo generador del Yin y el Yang, en todo esto? Bueno, ni que decir tiene que el sistema del que estamos hablando, junto con sus subsistemas —planetas y satélites- es un proceso eminentemente polar, con unos ejes que definen su evolución; y que también lo es la holonomía espiral que los envuelve. Y en cuanto al Yin y el Yang, si dijéramos que *también* pueden ser la energía cinética y la potencial, se nos diría que estamos proponiendo una correspondencia demasiado trivial. Pero lo ya apuntado debería servir para ver que no es el caso.

Sabemos que en las órbitas la energía cinética y la potencial ni siquiera se compensan, y cuando debieran hacerlo, como en el caso del movimiento circular en la ecuación de Binet, ni siquiera obtenemos una fuerza única —se requiere al menos una diferencia entre el centro del círculo y el de la fuerza. Buscando el argumento más simple posible, lo primero que viene a la mente es que la emergencia de la sección áurea en el Taijitu, el vórtice esférico en libre rotación, encierra una suerte de síntesis, analógica y *a priori*, de 1) una ley de áreas aplicada a las dos energías, 2) la geometría focal de las elipses, *y* 3) una diferencia integrable y un giro o cambio en el plano de polarización que no lo es. Este tercer punto solapa el lagrangiano y una fase geométrica que en principio parecen cosas bien diferentes.

Por supuesto, aquí dejamos grandes cabos sueltos que un diagrama tan simple no puede traducir. Para empezar, que una elipse tenga en su interior dos focos no significa que haya que buscar el origen de las fuerzas que la determinan en su interior, y esto nos llevaría a la teoría de perturbaciones. Pero cualquier influencia ambiental, incluida la de otros planetas, debería estar ya incluida en la fase geométrica.

Si pasáramos por un momento de la dinámica orbital a la luz, podríamos reinterpretar en clave de los potenciales retardados y su incidencia en la fase los datos de la elipsometría o el "monopolo abstracto con una fuerza de —1/2 en el centro de la esfera de Poincaré" al que apela Berry en su generalización de la fase geométrica. Ahora bien, conviene no olvidar que la luz era ya un problema esencialmente estadístico incluso desde los tiempos de Stokes y de Verdet. Grado de polarización y entropía de un haz de luz fueron siempre conceptos equivalentes, aunque aún estemos lejos de extraer todas las consecuencias de ello.

Damos por supuesta la coincidencia del potencial retardado y la fase geométrica, aunque ni siquiera existe una literatura específica sobre el tema, como tampoco hay acuerdo, por lo demás, en torno a la significación y estatus de la propia fase geométrica. No han faltado quienes la han visto como un efecto del intercambio de momento angular, y, en cualquier caso, en mecánica clásica la fase geométrica se pone de manifiesto con la formulación de Hamilton-Jacobi de variables de ángulo y acción [21].

Si armonía es totalidad, la llamada fase geométrica tendría que tener su parte en la matemática de la armonía, puesto que aquella no es sino la expresión de un "cambio global sin cambio local". Ya notamos que la fase geométrica es inherente a campos que involucran secciones cónicas, así que su inclusión aquí es completamente elemental. Ahora bien, el que no implique a las fuerzas de interacción reconocidas no significa que se trate de meras "fuerzas ficticias"; se trata de fuerzas reales que transportan momento angular y resultan esenciales en la configuración efectiva del sistema.

Puesto que este transporte de energía es un fenómeno de interferencia, la energía potencial del lagrangiano ha de comprender la suma de todas las interferencias de los sistemas adyacentes, siendo este el "mecanismo de regulación". Puede aducirse que en el curso de los planetas no observamos la manifestación de interferencias que caracteriza a los procesos ondulatorios, a pesar de que no se dude en recurrir a "resonancias" para explicar perturbaciones. Veamos esto un poco más de cerca.

Si hasta ahora se ha querido ver la fase geométrica, en mecánica clásica la diferencia en el ángulo sólido o ángulo de Hannay, como una propiedad relacional, la forma más adecuada de entenderla tendría que ser dentro de una mecánica puramente relacional como la ya mencionada de Weber. Ahora bien, como ya notó Poincaré, si tenemos que multiplicar la velocidad al cuadrado *ya no tenemos forma de distinguir entre la energía cinética y la potencial, e incluso éstas dejan de ser independientes de la energía interna de los cuerpos* considerados. De aquí la postulación de una vibración interna por Noskov. Empero, esta ambigüedad inherente no impide hacer cálculos tan precisos como con las ecuaciones de Maxwell, además de tener otras obvias ventajas.

Recuérdese la comparación de la piedra que atraviesa la Tierra y la partícula de polvo en su diminuto asteroide, que vuelven al mismo punto en el mismo tiempo. En un medio hipotético de densidad homogénea, esto sugeriría un efecto de amortiguación y sincronización conjuntos y a distintas escalas espaciales. Pero, sin necesidad de hipótesis alguna, lo que la fase geométrica implica es el acoplamiento efectivo de sistemas que evolucionan a diferentes escalas temporales, por ejemplo, los electrones y los núcleos, o fuerzas gravitatorias y atómicas, o, dentro de la misma gravedad, las interacciones entre los distintos planetas. Esto la hace particularmente robusta al ruido o las perturbaciones.

La ambigüedad de la mecánica relacional no tiene por qué ser una debilidad, sino que podría estarnos revelando ciertas limitaciones inherentes a la mecánica y su cálculo. Justo cuando queremos llevar a su extremo lógico el ideal de convertir la física en una pura cinemática, una ciencia de fuerzas y movimientos, de mera extensión, es cuando se revela su inevitable dependencia de los potenciales y de factores considerados "no locales", aunque más bien tendríamos que hablar de configuraciones globales definidas.

Lo esencial en la comparación, aparentemente casual, entre el *Taijitu* y la órbita elíptica es que ésta última también es una expresión íntegra de la totalidad: no sólo de las fuerzas internas sino también de fuerzas externas que contribuyen contemporáneamente a su forma. Si el mecanismo de compensación sirve de regulación efectiva no puede afectar sólo a los potenciales sino igualmente a las fuerzas.

5. Cuestiones de principio

Los principios de la física newtoniana se basan, como no podía ser menos, en lo circular de sus definiciones de magnitudes vectoriales y escalares como fuerzas y masa; la mecánica lagrangiana y los campos gauge, que para decirlo eufemísticamente la "extienden", dicen no renunciar al fondo invariable de esas definiciones pero demandan elecciones para regular los grados de libertad redundantes. La ley de Weber permitía ya apreciar en el problema de Kepler los elementos constituyentes de los campos gauge incluso si prescindía por completo de la idea misma de campos —lo que cambia es el status mismo de las definiciones fundamentales, que se desdibujan. Los potenciales retardados permiten dar cuenta de los aspectos esenciales de la física moderna, incluidos los llamados efectos relativistas.

Lo conocido y lo desconocido se confunden el uno con el otro muy fácilmente. A nivel inmediato, para nosotros una fuerza es, por un lado, lo que induce movimiento, y por otro, lo que produce deformaciones en otros cuerpos. Pero la "fuerza" de la gravedad no deforma a los cuerpos cuando los fuerza a moverse, y en cambio si lo hace cuando no los fuerza —cuando permanece como potencial. Newton dijo que el torbellino del cubo de agua dando vueltas era debido a "fuerzas ficticias" centrífugas en un espacio absoluto, pero Empédocles había mostrado dos mil años antes que ese mismo cubo dando vueltas sobre nuestras cabezas contrarresta la fuerza de la gravedad.

¿Por dónde se empuña el eje del Polo? El Polo, lo que equilibra los extremos de la realidad, no se deja empuñar. Sin embargo el *Taijitu* nos invita a mirar desde su perspectiva. En cuanto a su espíritu, los tres principios de Newton se resumen tácitamente en la frase "nada se mueve si no lo mueve otra cosa", esto es, nada se mueve sin una fuerza externa —y ni la relatividad, ni la mecánica cuántica, ni la moderna cosmología han pretendido nunca otra cosa. Todo está muerto, salvo por el empujón que algo externo le ha dado. Ahora bien, todo este prodigioso desarrollo de la ciencia moderna entendida como mecanicismo no es sino el despliegue de las consecuencias del principio de inercia, y el giro irónico es que se pueden realizar todos los cálculos de la física moderna, y muchos otros más, sin recurrir a este principio para nada.

El principio de equivalencia nos dice que la masa gravitatoria y la masa inerte son iguales o indiscernibles, y por eso la teoría general de la relatividad afirma que no hay diferencia entre la "fuerza" gravitatoria y las fuerzas ficticias. Este es un intento de caminar en dirección a una física relacional, pero después de terribles rodeos, y de arbitrar distintas versiones —muy débil, débil, medio-fuerte y fuerte- de dicho principio, se termina por volver al punto de partida, que es de lo que se trataba.

El punto de partida es el principio de inercia, del que nunca se querría prescindir. El principio de inercia, que de puro obvio se ha juzgado redundante, esconde toda la intencionalidad de los razonamientos en física. Dicho de otro modo, hacer física sin el principio de inercia equivale a suspender su intención, aquello que lleva todas las operaciones de vuelta al razonamiento circular de costumbre, con la ayuda de los otros dos principios.

Se ha juzgado el principio de inercia, ilustrado por la bola que rueda por toda la eternidad en un espacio vacío, como algo perfectamente ideal. Pero no se trata de un ideal perfecto sino contradictorio: el movimiento de la bola debe relacionarse con ejes de coordenadas externas a ese sistema, y así tenemos un sistema aislado que tiene la propiedad de no estar aislado. En realidad no puede haber sistemas inercialmente aislados.

Se puede, e incluso se debe, tal como hace Assis, plantear una mecánica completamente relacional sin usar el concepto de inercia introduciendo a cambio el *principio de equilibrio dinámico*, de forma que "la suma de todas las fuerzas de cualquier naturaleza actuando sobre cualquier cuerpo sea siempre cero en todos los sistemas de referencia". Esto libera a la física de los conceptos de inercia, masa inerte, espacio absoluto, y las escolásticas distinciones entre marcos de referencia [22].

Lo diametralmente contrario a lo implícito en las leyes de la mecánica también permite una descripción consistente con lo que conocemos. Así, por ejemplo, Alejandro Torassa muestra una dinámica válida para todos los observadores en el que "el movimiento de los cuerpos no está determinado por las fuerzas que actúan sobre ellos, sino que son los propios cuerpos los que determinan su movimiento", equilibrando las fuerzas que actúan sobre ellos. "El estado natural de un cuerpo en ausencia de fuerzas externas no es sólo el estado de reposo o de movimiento rectilíneo uniforme, sino que el estado natural de movimiento de un cuerpo es cualquier estado posible de movimiento… todo estado posible de movimiento es un estado natural de movimiento" [23] .

Si la suma de todas las fuerzas es cero en cualquier estado, sólo podrán medirse diferencias y ratios de fuerzas; introducir aquí constantes con dimensiones tendría que estar fuera de lugar. Otra forma de enunciar este principio sería decir que "la suma cero de todas las fuerzas incluye el movimiento observable", algo que cierta inercia mental hace difícil de aceptar. Tal vez lo captamos mejor si decimos que "el movimiento observable compensa al resto de fuerzas", es decir, equilibra a las que tampoco son observables. El equilibrio de fuerzas no se confunde con su ausencia, pero lo que observamos es movimiento y velocidad, no fuerzas.

Existen por supuesto otras formas de representar este equilibrio fundamental sin una dependencia directa del movimiento. Podemos tomar la idea de René Guenon de un medio inicialmente homogéneo, en el que a cada compresión en un punto deba corresponderle una expansión igual en otro punto, de tal modo que sus densidades sean recíprocas y su producto sea siempre la unidad, aunque las fuerzas asociadas a ellos puedan ser de signo contrario, atractivas o repulsivas [24]. Si en un medio originalmente homogéneo imaginamos la aparición de una porción más llena y otra más vacía, ambas no podrían surgir sin más sin una torsión o helicidad que las conecte -y esa torsión sería un cambio de densidad. La caracterización del equilibrio como producto es lo que hemos considerado aquí como reciprocidad en el sentido más intrínseco.

La cosmología de la física moderna puede aducir que aspectos como el equilibrio general no son cuestiones de principios sino de observación. Lo que ocurre en realidad es que, si todo lo que se observa es movimiento, y se parte del principio de inercia, todo tiene que remitir a causas externas a lo que se observa —de ahí la mano de Dios para definir el movimiento innato de los planetas en Newton, o la noción de un evento al comienzo del tiempo que saque toda la energía de la nada. Así por ejemplo, y contrariamente a la historia publicitada hasta la saciedad, las primeras y más precisas predicciones de la radiación de fondo de microondas no fueron las de Gamow u otros creacionistas, sino las de los físicos que asumían un universo en equilibrio dinámico [25].

Este es el mejor ejemplo de que el supuesto básico sobreentendido se impone sobre todo lo demás, que por el contrario se procura acomodar al supuesto. Poco importa que esto implique la más descomunal violación del principio de conservación de energía, con tal de que se arroje fuera de los límites del terreno de juego.

Para la física moderna, y no sólo la física, el desequilibrio es el padre de todas las cosas, y el equilibrio es sinónimo de muerte y desorganización. Pero las mismas observaciones y datos, han permitido siempre decir que el equilibrio dinámico es el padre y la madre de todas las cosas y que la entropía no lleva a la muerte térmica sino al aumento de la organización.

La verdadera relevancia de este equilibrio dinámico se apreciará debidamente cuando la mecánica y la termodinámica se unan en una sola disciplina como la termomecánica del tipo de la propuesta por Pinheiro u otras equivalentes y más desarrolladas. Y puesto que su sistema de dos ecuaciones es una alternativa al lagrangiano, aún encaja mejor en las ecuaciones de Noskov, puesto que las vibraciones longitudinales de los cuerpos — que coinciden con la fórmula de Planck- equivalen al ingreso de energía libre disponible en el medio.

La termomecánica de Pinheiro está concebida para sistemas abiertos o fuera de equilbrio, y la mecánica relacional, incluso si no se consideran las propiedades del medio, al carecer de constantes dimensionales depende implícitamente del entorno.

6. Cuestiones de interpretación —y de principios

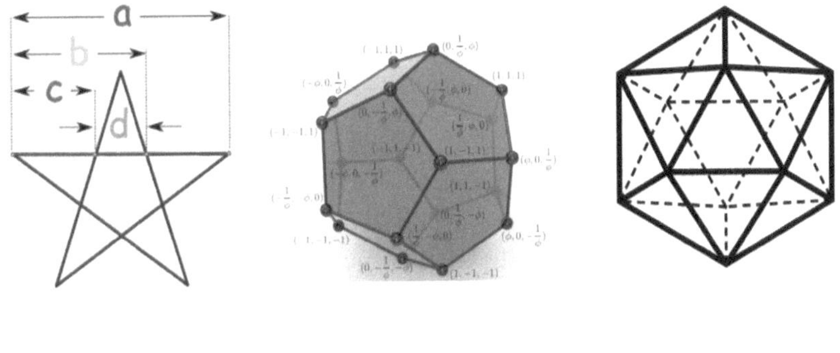

a/b = b/c= c/d = (1+√ 5)/2   Dodecaedro   Icosaedro

Según Proclo, el objetivo principal de Euclides al escribir sus *Elementos* era elaborar una teoría geométrica completa de los cinco sólidos platónicos. De hecho, se ha dicho en diversas ocasiones que tras el nombre de "Euclides" podría haber un colectivo con un fuerte componente pitagórico. La existencia de sólo cinco sólidos regulares es posiblemente el mejor argumento para pensar que vivimos en un mundo de tres dimensiones.

Otro de los grandes campeones del concepto de armonía en la ciencia fue Kepler, el astrónomo que introdujo las elipses en la historia de la física, bastando con recordar el título de su obra magna, *Harmonices Mundi*. Descubrió la convergencia de la serie de Fibonacci, combinó el teorema de Pitágoras con la razón áurea en el triángulo que lleva su nombre y teorizó ampliamente sobre los cinco sólidos platónicos, a los que incluso colocó entre las órbitas de los planetas, y que han sido considerados por una cierta tradición como los arcanos de los cuatro elementos más la quintaesencia o Éter.

Este último estaría representado por el pentágono y el pentagrama, y por el dodecaedro complementario del icosaedro, en el que quiso verse una figuración del elemento agua.

La cascada de proporciones idénticas a distintas escalas evoca de inmediato su capacidad para generar formas autosimilares como la espiral logarítmica que despliega indefinidamente su razón en una serie de potencias: φ, φ^2, φ^3, φ^4... Si una recursión es aquello que permite definir a algo en sus propios términos, el pentagrama nos muestra el proceso recursivo más simple que pueda darse en el plano.

Todavía en 1884 Félix Klein, reconciliador de la geometría analítica y la sintética, daba unas *Conferencias sobre el Icosaedro* en las que consideraba a éste como objeto central de las principales ramas de la matemática: "Cada objeto geométrico único está conectado de una forma u otra a las propiedades del icosaedro regular". Estamos ante otro de esos objetos "extraordinariamente bien conectados" y sería muy interesante trazar los vínculos con las dos representaciones del Polo de las que partíamos. La fracción continua de Rogers-Ramanujan, por ejemplo, cumple un rol análogo para el icosaedro que la función exponencial para un polígono regular.

La orientación que propuso el influyente Klein no obtuvo tanta aceptación como la del célebre programa de Erlangen; para profundizar debidamente en ella se requería la guía dinámica de la naturaleza, de la física y de la matemática aplicadas. Incluso los tiempos actuales son más propicios para recuperar este programa, a pesar de que la misma física se haya hecho más abstracta a pasos agigantados. La mejor forma de reimpulsar hoy el segundo gran programa de Klein tendría que pasar por herramientas como un álgebra geométrica con los pies bien hundidos en la tierra.

La sección áurea emerge bajo el sello inequívoco de las simetrías quíntuples, que se creían privativas de los seres vivos hasta el descubrimiento de los cuasicristales. Que los cristales ordinarios, estructuras estáticas por definición, excluyan este tipo de simetría parece indicar que aquí se hacen posibles condiciones de equilibrio de más largo alcance. Se están estudiando intensivamente las propiedades ópticas de cuasicristales fotónicos y otras estructuras menos periódicas —a menudo con una refracción cero o un doble cero de permitividad y permeabilidad- en 1D, 2D, y 3D. Como era de esperar, se han encontrado fases con holonomía espiral. Al igual que en el grafeno, aunque la curvatura de Berry ha de ser cero, el desplazamiento de fase puede ser igual a cero o a π [26].

Sería interesante estudiar todos estos nuevos estados desde el punto de vista de la termomecánica, la termodinámica cuántica y los potenciales retardados, pudiendo ofrecer estos últimos una interpretación mucho más convincente de, por ejemplo, los llamados efectos relativistas del grafeno; al igual que permiten tratar los puntos singulares de manera más lógica. En la frontera entre lo periódico y lo aleatorio, los numerosos secretos de la simetría quíntuple no se abrirán sin una lectura cuidadosa.

*

Salvo para confundir las mentes y las cosas, la proscripción del Éter por la relatividad especial no deja de ser del todo irrelevante. Primero de todo, porque lo que hace funcionar a la relatividad especial es la transformación de Lorentz-Poincaré, concebida expresamente para el Éter. Segundo, porque aunque la relatividad especial, que es la teoría general, prescinda del Éter, la relatividad general, que es la teoría especial para la gravedad, lo demanda,

[57]

aunque sea de forma harto teórica. En electrodinámica se puede escoger entre ambos caminos.

La electrodinámica de Weber coincide muy aproximadamente con el factor de Lorentz hasta velocidades de 0.85 c sin necesidad de arrojar por la ventana el tercer principio de la mecánica. Pero en cualquier caso, y aun si nos atenemos a las ecuaciones de Maxwell, que es el nudo mismo de la cuestión, lo que tenemos es que no existen ni pueden existir ondas electromagnéticas moviéndose en el espacio con un componente transversal al otro, sino *un promedio estadístico de lo que ocurre entre el espacio y la materia*. Esta es la conclusión de Nicolae Mazilu, pero sólo hay que ver el rotundo fracaso de todos los intentos de hacer efectiva la descripción geométrica del campo y las ondas [27].

Lo extraño, una vez más, es que no se haya visto con claridad esto antes. Pero resulta que la idea que se tenía del Éter hacia 1900, o al menos la que tenía Larmor, entre otros, es que éste no era sólo un medio entre las partículas de materia, sino algo que penetraba también esas partículas, que eran vistas como sus condensaciones —igual que ahora podemos ver las partículas como condensaciones del campo . Había Éter fuera en el espacio y Éter dentro de la materia —como en las ondas electromagnéticas, entre las que se encuentra la luz.

El Éter no es otra cosa que la misma luz, pero puede ser también otras cosas que la luz que vemos, y que todo el espectro electromagnético. Ocurre sólo que no podemos conocer nada sin el concurso de la luz. La luz es el mediador entre un espacio que no podemos conocer directamente, pero nos da la métrica, y una materia que se encuentra en la misma situación, pero es objeto de medida.

Y ahora que ya sabemos que estamos en medio del Éter, como el burgués gentilhombre que descubrió que siempre había hablado prosa sin saberlo, tal vez podamos mirar las cosas con más tranquilidad. Sólo una mentalidad consumadamente dualista que piense en términos de "esto o lo otro" ha podido permanecer perpleja durante tanto tiempo ante esta cuestión.

Esta idea del Éter *in medias res* no podía estar muy clara a principios del siglo XX, de otro modo los físicos no le habrían abierto los brazos a la teoría de la relatividad como lo hicieron. Si ésta fue bienvenida, dejando otras razones aparte, fue porque parecía terminar de una vez por todas con una serie interminable de dudas y contradicciones —o al menos así se creyó en su momento, hasta que empezaron a aflorar las insolubles "paradojas" una tras otra. Se dice que para entonces la ley de Weber, que ni siquiera precisaba la existencia de un medio porque tampoco hablaba de ondas, había caído mayormente en el olvido —aunque no para autores tan bien informados como Poincaré.

Naturalmente, en vez de Éter también podemos usar la palabra "campo", siempre que no lo entendamos como el suplemento de espacio que rodea a las partículas, sino como la entidad fundamental de la que éstas emergen.

En cualquier caso la relatividad especial por sí sola prácticamente no entra en contacto con la materia, y cuando lo hace a través de la electrodinámica cuántica desde Dirac, de nuevo volvemos a la polarización del vacío y a un medio aún más poblado, extraño y contradictorio que cualquiera de los anteriores avatares del Éter.

Hoy se usa la óptica de transformación y las anisotropías de los metamateriales para "ilustrar" los agujeros negros o para "diseñar" —se dice- espacio-tiempos diferentes. Y sin embargo sólo se están manipulando los parámetros macroscópicos de las viejas ecuaciones de Maxwell, como la permeabilidad y la permitividad. Puestos a distorsionar, ya no se podía llegar más lejos. ¿Y porqué habría de tener propiedades el espacio vacío si estuviera realmente vacío? Pero, una vez más, de lo que se trata es de promedios estadísticos entre el espacio y la materia. Sólo el prejuicio creado por la relatividad nos impide ver más claramente estas cosas.

Debería tener mucho más interés estudiar las propiedades del continuo espacio-materia accesible a nuestra modulación directa que aspectos exóticos de objetos hipotéticos de una teoría, la relatividad general, que ni siquiera se ha podido unificar con el electromagnetismo clásico.

Y si el éter de 1900 podía resultar inconveniente, ¿qué decir de una teoría que rompe con la continuidad de las ecuaciones de toda la mecánica clásica, y que para paliarlo introduce infinitos marcos de referencia? Ciertamente, no es una solución económica, y aún parece peor si pensamos que con el principio de equilibrio dinámico podemos prescindir de la inercia y de la distinción de marcos —embrollo que se ha usado, además, para dejar fuera de juego a otras teorías.

Para colmo, y de la forma más notoria, las ecuaciones de Maxwell sólo sirven para porciones del campo con extensión; la relatividad especial sólo es válida para eventos puntuales, y en las ecuaciones de campo de la relatividad general las partículas puntuales de nuevo vuelven a carecer de sentido. La óptica de transformación aprovecha esta triple incompatibilidad con un bypass que deja a la relatividad especial en el limbo, para unir a Maxwell con otra teoría incompatible. Y sin embargo, aunque esto no se diga, es por la relatividad especial que la mecánica cuántica ha sido incapaz de trabajar con partículas extensas. En cambio, partiendo de la mecánica de Weber no había problemas para trabajar tanto con partículas extensas como puntuales.

Para los que todavía crean que el marco fundamental de la mecánica clásica debe tener cuatro dimensiones, puede recordarse que en pleno siglo XXI, se han desarrollado teorías gauge de la gravedad consistentes que satisfacen el criterio formulado por Poincaré en 1902, a saber, elaborar una teoría relativista en el espacio plano ordinario modificando las leyes de la óptica, en lugar de curvar el espacio con respecto a las líneas geodésicas descritas por la luz. La luz es el mediador entre el espacio y la materia; y si la luz se deforma, lo cual es evidente, no hace falta deformar nada más.

Las ecuaciones de Maxwell ni siquiera son un caso general, sino un caso particular, tanto de Weber como de las ecuaciones de fluidos de Euler. Dentro de la mecánica de fluidos, Maxwell buscó el caso para un medio estático o sin movimiento propio; si las ecuaciones de Maxwell no son fundamentales, el principio de relatividad tampoco puede serlo [28]. La reciprocidad de la relatividad especial es puramente abstracta y cinemática, no mecánica, puesto que no está ligada a centros de cuerpos materiales con masa, y no permite distinguir entre fuerzas internas que cumplan con la tercera ley y fuerzas externas que no tienen porqué cumplirla. El principio de relatividad que afirma la imposibilidad de encontrar un marco de referencia privilegiado es válido sí y solo si no existen fuerzas externas a las consideradas dentro del sistema —pero por otra parte, al desatenderse el tercer principio, tampoco se definen mecánicamente las fuerzas internas.

El llamado *estrés de Poincaré* que el físico francés introdujo para que la fuerza de Lorentz cumpliera con el tercer principio cumple el mismo rol en el contexto relativista que las vibraciones longitudinales de Noskov para la fuerza de Weber. El hecho de que dicho estrés se considerara luego irrelevante para la relatividad especial muestra concluyentemente su divorcio de la mecánica.

Las ecuaciones de Maxwell, como dice Mazilu, son una reacción ante los aspectos parcial o totalmente incontrolables del Éter. En las teorías físicas las cantidades que importan no son las medibles, sino las controlables, pero de este modo prescindimos de información que podría ser integrada en un marco teórico más amplio. Las cuestiones de interpretación nos devuelven inevitablemente a las cuestiones de principio; sin modificar los principios estamos condenados a trabajar para ellos.

El principio de relatividad es contingente y por lo tanto innecesariamente restrictivo, dependiendo además de procedimientos de sincronización arbitrarios. El principio de equivalencia de la relatividad general tampoco termina con los problemas de los marcos de referencia, y, en combinación con el principio de relatividad, más bien los multiplica.

El principio de equilibrio dinámico de la mecánica relacional simplifica radicalmente esta situación sin crear restricciones innecesarias. Dejando a un lado la generalidad, un principio no debería ser restrictivo, sino necesario. Por otra parte, la incapacidad del principio de equivalencia para librarse del principio de inercia lo subordina automáticamente a éste.

Y no es casualidad. Si de la inercia sabemos lo mismo que del Éter, más bien nada, es porque la inercia misma se solapa inadvertidamente con la idea del Éter y lo suplanta. Entonces, el Éter sólo podría emerger sin mixtificaciones de una física que prescindiera por completo de la idea de la inercia, lo cual es perfectamente viable y compatible con toda nuestra experiencia.

Sin duda cada teoría tiene sus propias virtudes, pero las de Maxwell y la relatividad ya se han ensalzado más que suficientemente. Aquí preferimos volver la vista a la teoría que tiene precedencia histórica sobre ambas, dado que la presentación que se hace hoy no puede ser más parcial.

Volviendo al pasado, vemos que el medio sin arrastre de Lorentz, el de arrastre parcial de Fresnel y Fizeau, y el de arrastre total de Stokes no son contradictorios y se refieren a casos claramente diferentes. Existen experimentos, como los de Miller, Hoek, Trouton y Noble, y otros muchos, que pueden volver a realizarse en muchas mejores condiciones y brindan una información inestimable desde todos los puntos de vista, siempre y cuando nuestro marco teórico nos permita contemplarlo, lo que ahora no es el caso [29]. Se trata por lo demás de experimentos miles de veces menos costosos, más simples y más informativos que las actuales "confirmaciones" de la relatividad especial y general.

Hay además una inevitable *complementariedad* entre los aspectos constitutivos del electromagnetismo en los modernos metamateriales, con su mezcla de factores controlables e incontrolables en la materia, y la medición de aspectos incontrolables del medio libre en el espacio. Pero esta complementariedad no puede apreciarse sin principios y un marco que, para empezar, permitan hacerlos compatibles. Por otro lado no es necesario decir que entre la óptica de transformación y la relatividad general no puede haber contacto, sino sólo paralelismo.

Otra forma de hablar de una fase geométrica es decir que es una transformación u holonomía en torno a una singularidad. Esta singularidad puede ser un vórtice, lo que brinda una conexión natural con la entropía o la atenuación de ciertas magnitudes, que evidentemente no pueden alcanzar valores infinitos.

Un caso interesante lo constituye la llamada transmutación de vórtices ópticos, esto es, el cambio cualitativo de su rasgo más intrínseco, que es la vorticidad, y que se ha podido realizar recientemente incluso en el espacio libre [30], involucrando además simetrías pentagonales. Los vórtices se presentan en los cuatro estados de la materia —sólido, líquido, gaseoso y plasma, que son nuestra versión de los antiguos cuatro elementos. Teniendo en cuenta que puede describirse su comportamiento característico en función de relaciones constitutivas de tensión/ deformación, también es viable una descripción cuantitativa de la transmutación de los estados de la materia ampliamente diferente de la transmutación nuclear de los elementos, sin perjuicio de que también los núcleos se pueden describir más o menos clásicamente con vórtices como los eskirmiones.

La llamada fase geométrica, ese fenómeno tan universal que incluso se manifiesta como vorticidad sobre la superficie del agua, aplicada al electromagnetismo clásico viene a ser algo así como "la quinta ecuación de Maxwell", puesto que pone en juego y engloba a las cuatro conocidas. El mismo nombre "fase geométrica" parece claramente un eufemismo, puesto que no son los geómetras los que suelen ocuparse de ella, sino los físicos, y más aún, los físicos aplicados. Por lo demás, prefiero llamarla holonomía en lugar de anholonomía, pues lo último se refiere a que no es integrable dentro del cálculo de una teoría, mientras que la holonomía se refiere a un aspecto global que puede reconocerse incluso a simple vista.

El mismo Berry admite que la fase geométrica es una forma de incluir los (incontrolables) factores ambientales que no están dentro del sistema definido por la teoría [31]. En este sentido, para llegar a "la quinta ecuación" de Maxwell no hace falta añadir términos, sino remitirse a la "predinámica" de las ecuaciones menos restringidas o más generales de las que proceden —Weber y Euler. Y lo mismo vale para la relatividad.

Sin duda la fenomenología de la luz es tan vasta que no deja de sorprendernos, pero todo esto tendría una trascendencia incomparablemente mayor si un esfuerzo paralelo se dedicara a los aspectos incontrolables, pero complementarios, que ahora están proscritos o enmascarados por la teoría dominante. Pero en realidad no hay parte de la física que hoy no se esté contemplando bajo una óptica innecesariamente distorsionada.

*

En la teoría de los agujeros negros también emerge la razón áurea, justo en el punto crítico de inflexión en que su temperatura pasa de aumentar a caer: $J^2/M^2 = (1+\sqrt{5})/2$, siendo M y J la masa y el momento angular cuando las constantes c y G son 1. El significado y relevancia de esto no está claro, pero abunda en la costumbre de esta constante en aparecer en puntos críticos [32].

En fuerzas del tipo de la de Weber no hay cabida para objetos teóricos como los agujeros negros ya que la fuerza disminuye con la velocidad, y sería interesante ver si la óptica de transformación es capaz de encontrar una "réplica" de laboratorio para la evolución de estos parámetros. En la mecánica relacional, por contraste, lo más que puede esperarse es distintos tipos de singularidad de fase, como los vórtices ópticos mencionados.

[64]

Si algún interés tiene para nosotros la emergencia de φ en los agujeros negros, aunque se trate de cálculos puramente teóricos, es por su asociación directa con el momento angular, la entropía y la termodinámica. Nos muestra al menos que la proporción continua puede emerger también de acuerdo con el principio de máxima entropía que consideramos fundamental para entender la naturaleza, la mecánica cuántica, o la formulación termomecánica de la mecánica clásica. Si puede hacerlo allí, también puede hacerlo en otro tipo de singularidades, como la de fase de los vórtices, en el modelo óptico que para el rayo de luz construyó de Broglie, o en los hologramas.

Pues tal vez el mayor interés del estudio teórico de los agujeros negros haya sido introducir este principio de máxima entropía en la física fundamental, si bien como un *término final*, cuando seguramente se trata de algo efectivo en cualquier momento del pasado y el presente. En la física teórica con más predicamento, esto podría expresarse a través del llamado principio holográfico, lo que no está del todo mal dado que este principio hace un uso extensivo de la fase lumínica, y, después de todo, ya hemos visto que no hay conocimiento de nuestro mundo físico que no pase por la luz. Sin embargo existen todo tipo de dudas sobre cómo aplicar tal principio a la física ordinaria de bajas energías.

Los agujeros negros son objetos teóricos extremos de máxima energía, pero se ha llegado a ellos a través de la física ordinaria de la gravedad, gobernada por los principios de acción de mínima variación de energía. Técnicamente, esto no envuelve ninguna contradicción, pero sí nos lleva a preguntarnos por la naturaleza misma de los principios de acción, algo que aún preocupaba a un físico conservador como Planck.

El principio de acción de la ley de Weber, o el de Noskov, no permite la existencia de estos objetos extremos porque, aplicando la reciprocidad de forma estrictamente mecánica sobre los centros de masa, la fuerza y la velocidad, éstas últimas siempre se compensan. En la descomposición del lagrangiano por Mathis en dos fuerzas, también ocurre lo mismo. En la termomecánica de Pinheiro, en que hay un equilibrio entre mínima variación y máxima entropía, tampoco parece que esto sea posible, siempre que haya energía libre disponible.

El lagrangiano ordinario es el más "vacío" de causalidad, y la teoría de Mathis, que quiere prescindir de la energía y el principio de acción para quedarse sólo con vectores y fuerzas, es obviamente el modelo más "lleno"; otra cosa es que esto sea viable. Los otros dos se sitúan en lugares intermedios. Sabemos que con principios de acción las causas unívocas son imposibles. Uno puede elegir el camino que prefiera y ver hasta dónde llega, pero mi posición al respecto es que aunque no es posible una determinación unívoca de causas, sí podemos tener un sentido estadístico pero cierto de la causalidad, relacionado con la Segunda Ley de la termodinámica. El principio de acción de Noskov y el de Pinheiro son ciertamente compatibles.

El giro irónico es que es el tercer principio el que define qué es un sistema cerrado, pero no se puede aplicar este principio sin el concurso de un medio abierto y con energía libre que contribuya a cerrar el balance. Esto ocurre incluso en el modelo de Mathis, donde la carga libre es reciclada por la materia. Así pues, cualquier mecánica reversible emerge como una isla de un fondo irreversible, y es este doble nivel el que nos brinda nuestra intuición de la causalidad.

La propagación de la luz se funda en la homogeneidad del espacio, pero las masas sobre las que actúa la gravedad suponen una distribución no homogénea. Si suponemos un medio primitivo homogéneo, ningún tipo de fuerza, incluida la gravedad, puede alterar esa homogeneidad salvo de forma transitoria. La autocorrección de las fuerzas, que ya está implícita en Newton y en el lagrangiano original, lleva en esa dirección y parece la única forma concebible de cancelar los infinitos que surgen en los cálculos. El tratamiento entrópico y termodinámico de la gravedad también tendría que pasar necesariamente por ahí.

El surgimiento de la razón continua y sus series en el crecimiento vegetal, en piñas o girasoles, nos hace pensar en vórtices hechos de unidades discretas, a la vez que nos devuelve a las consideraciones sobre *el óptimo, que no máximo*, aprovechamiento de recursos, materia y recolección de datos del que parece hacer gala la naturaleza.

Yasuichi Horibe demostró que los árboles binarios de Fibonacci estaban sujetos al principio de máxima producción de entropía informativa [33], algo que podría extenderse a la entropía termodinámica y, tal vez a otras ramas como la óptica, la holografía, o la termodinámica cuántica. La cuestión es si estas series pueden emerger sin más del principio de máxima entropía o se encuentran en algún punto óptimo variable entre la mínima energía y la máxima entropía, como sugieren las ecuaciones de Pinheiro.

Puesto que éste comienza por probar su mecánica con algunos modelos bien simples, como una esfera rodando en una superficie cóncava, o el periodo de oscilación de un péndulo elemental, sería del mayor interés determinar el problema más simple, dentro de esta mecánica, en la que la razón continua aparezca con un rol crítico o relevante. Con esto podríamos retomar el hilo de Ariadna de esta razón para variables de acción y problemas de optimización.

A Planck todavía le inquietaba el hecho de que los principios de acción parecen entrañar una finalidad. Y lo mismo ocurría con la Segunda Ley de la termodinámica para Clausius, aunque a éste el hecho no le incomodaba en absoluto. Es bien fácil ver que ambos tipos de procesos, aparentemente tan alejados, son efectivamente teleológicos, y ello no es una coincidencia puesto que ni siquiera están separados, tal como la termomecánica de Pinheiro muestra. Parece que la inclusión simultánea de dos indudables propensidades de la naturaleza es más natural que su tratamiento por separado.

En Occidente ha habido un fuerte rechazo a cualquier connotación teleológica porque la teleología se ha confundido siempre o con la teología y la providencial mano invisible o con la mano intencionada del hombre. *Tertium non datur*. Sin embargo está claro que aquí, tanto para la mecánica como para la termodinámica, estamos hablando de una tendencia tan innegable como *espontánea*. Entender esta tercera posición, que ya existía antes del falso dilema del mecanicismo, nos lleva a cambiar radicalmente nuestra comprensión de la naturaleza.

7. Realimentación biológica —modelos cuantitativos y cualitativos

En otra parte hemos especulado sobre la presencia de una fase geométrica o memoria de fase y el ciclo nasal bilateral, aprovechando cierta analogía entre la mecánica del sistema circulatorio y un campo gauge como el electromagnético [34], y teniendo en cuenta que las ecuaciones de Maxwell son un caso particular de las ecuaciones de fluidos. Sabido es que al poco de su descubrimiento la fase geométrica se generalizó más allá del caso adiabático o incluso el cíclico, y que hoy se estudia incluso en sistemas abiertos disipativos y en diversos casos de locomoción animal. La analogía puede ser pertinente a pesar de que, obviamente, el sistema respiratorio opera en fase gaseosa en vez de líquida, sin dejar por ello de estar acoplado con la circulación sanguínea.

Según V. D. Tsvetkov, la razón entre el tiempo de la sístole y la diástole en humanos y otros mamíferos promedia los mismos valores recíprocos de la razón áurea, y también la proporción entre la presión máxima sistólica y la mínima diastólica apunta a un valor relativo de 0.618/0.382. Aunque estos valores puedan ser arbitrariamente aproximados tendríamos aquí una excelente ocasión de contrastarlos mecánicamente y ver si realmente existe algún tipo de optimización subyacente, puesto que el tiempo sistólico ya se hace eco de la onda vascular refleja, y lo mismo ocurre con el tiempo de la diástole.

Por otro lado está la Velocidad de la Onda del Pulso, que es una medida de la elasticidad arterial: ambas se derivan de la segunda ley de la mecánica a través de la ecuación de Moens-Korteweg. Esta velocidad de la onda varía con la presión, así como con la elasticidad de los vasos, aumentando con su rigidez. La distancia de retorno de la onda refleja y el tiempo que conlleva aumenta con la estatura, y una menor presión diastólica, que indica menor resistencia del conjunto del sistema vascular, reduce la magnitud de la onda refleja. El tratamiento de la hipertensión debería centrarse, se dice, en disminuir la amplitud de la onda refleja, rebajar su velocidad, y aumentar la distancia entre la aorta y los puntos de retorno de esta onda.

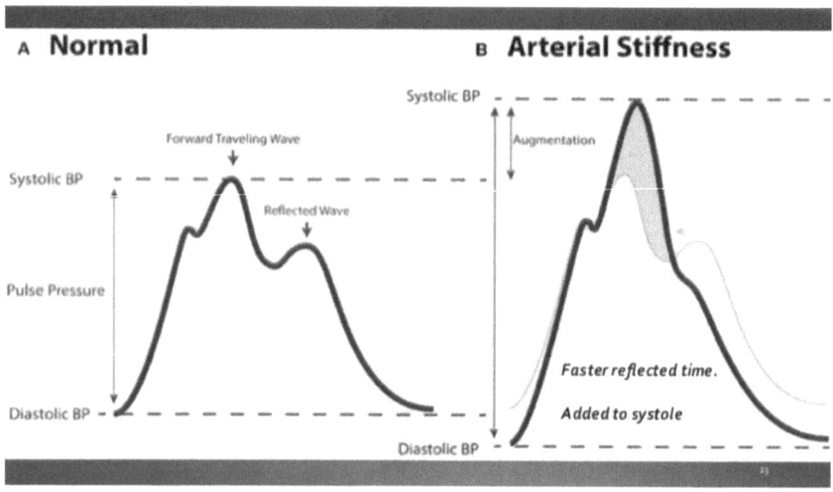

Así pues, podemos intentar aplicar aquí la idea del potencial retardado y las ondas longitudinales de Noskov, teniendo en cuenta que él fue el primero en proponer su lugar en el feedback más elemental y su universalidad; de hecho, tal vez no haya mejor forma de ilustrar estas ondas y su correlación con ciertas proporciones en un sistema mecánico completo que el propio sistema circulatorio.

Dado que, en buena medida, parece que podemos considerar la elasticidad de la onda refleja como un potencial retardado de Weber-Noskov dependiente de la distancia, fuerza y velocidad de fase, y comprobar si esto procura un acoplamiento o unas condiciones de resonancia que, incidentalmente, tendieran a los valores de la sección áurea. El miocardio es un músculo autoexcitable pero a ello también concurre el retorno de la onda refleja, así que tenemos un hermoso ejemplo de circuito de transformaciones tensión-presión-deformación que se realimentan y que no difieren en lo esencial de las transformaciones gauge de la física moderna, en los que también hay un implícito mecanismo de realimentación.

Esta sería una instancia perfecta para explorar estas correlaciones como un proceso "en circuito cerrado", aunque el sistema mantenga una apertura a través de la respiración, lo que no es contrario a nuestro planteamiento porque para nosotros todos los sistemas naturales son abiertos por definición. Permite tanto la simulación numérica como la aproximación por modelos físicos reales creados con tubos elásticos y "bombas" acopladas, de modo que puede abordarse de la forma más tangible y directa [35].

Sin embargo conviene revisar a fondo la idea de que el corazón es realmente una bomba, siendo como es una cinta muscular espiral, o que el movimiento de la sangre, que genera vórtices en los vasos y el corazón, se debe a la presión, cuando es la presión la que es un efecto del primero. En realidad este es un ejemplo magnífico de cómo puede darse una descripción estrictamente mecánica a la vez que se cuestiona radicalmente no sólo la forma sino el mismo contenido de la causalidad. El factor esencial de la presión creada no es el corazón, sino el componente abierto, en este caso, la respiración y la atmósfera. Y aunque es evidente de que se trata de casos muy diferentes, esto se haya en consonancia con nuestra idea de los campos gauge y de los procesos naturales en general.

*

La dinámica y biomecánica del pulso sanguíneo puede derivarse de la fuerza aplicada, pero si buscamos dentro de la ciencia moderna un equivalente adecuado para los tres principios de la mecánica de Newton en sistemas abiertos como los organismos biológicos, no lo vamos a encontrar. Para encontrar algo parecido tenemos que mirar hacia atrás, para buscar luego una traducción cuantitativa y matemática.

Realmente, el *triguna* del Samkya indio —samkya significa proporción- y su aplicación al cuerpo humano como *tridosha* en el Ayurveda es lo que encuentra más semejanza para el caso. El *triguna*, como si dijéramos, es el sistema de coordenadas para modalidades del mundo material en términos *cualitativos*. Las tres cualidades básicas, *Tamas*, *Rajas* y *Satwa*, y sus formas reactivas en el organismo, *Kapha*, *Pitta* y *Vata* se corresponden muy bien con la masa o cantidad de inercia, la fuerza o energía, y el equilibrio dinámico a través del movimiento (o pasividad, actividad y equilibrio). Pero es evidente que en este caso hablamos de cualidades y los sistemas se consideran abiertos sin necesidad de definición.

Aquí la tercera ley de la mecánica ha de dejar paso a la conservación del momento y admite implícitamente un grado variable de interacción con el medio. En armonía con esto, el Ayurveda considera que *Vata* es el principio-guía de los tres ya que tiene autonomía para moverse por sí solo además de mover a los otros dos. *Vata* define la sensibilidad del sistema en relación con el ambiente, su grado de permeabilidad o por el contrario embotamiento con respecto a él. Es decir, el estado de *Vata* es por sí mismo un índice del grado en que el sistema es efectivamente abierto.

En el cuerpo humano la forma más explícita y continua de interacción con el medio es la respiración, y por lo tanto está en el orden de las cosas que *Vata* gobierne esta función de forma más directa. Aunque los *doshas* son modos o cualidades, en el pulso

[72]

encuentran su fiel traducción en términos de valores dinámicos y de la mecánica del continuo —siempre que nos conformemos con grados de precisión modestos, pero seguramente suficientes para darnos una idea cualitativa de la dinámica y sus patrones básicos.

Los otros dos modos son lo que mueve y lo que es movido, pero la articulación y coexistencia de los tres puede entenderse de formas muy diferentes: desde una manera puramente mecánica a otra más específicamente semiótica. Posiblemente también aquí tiene algún grado de vigencia la condición de indistinción o ambigüedad entre la energía cinética, la potencial y la interna que ya hemos notado en la mecánica relacional.

El principio de inercia es una posibilidad, el de fuerza un hecho bruto, la acción-reacción —un mismo acto visto desde dos caras- es una relación de mediación o continuidad. Podemos ponerlos en un mismo plano o ponerlos en planos diferentes, que constituyen una gradación ascendente o descendente, tal como en efecto son las modalidades del Samkya.

Realmente, no tendría que ser demasiado difícil hallar el suelo común que tienen las semiologías india y china del pulso más allá de las diferencias de terminología y categorías, y pasar de este suelo común al lenguaje cuantitativo, pero extremadamente fluido, de la mecánica de medios continuos. Así tendríamos un método para pasar de aspectos cualitativos a cuantitativos, y viceversa; y encontrar dinámicas y patrones que ahora nos pasan desapercibidos por inherentes. Hay aquí varias cuestiones. Una es hasta qué punto pueden hacerse estas descripciones cualitativas consistentes.

Otra cuestión es hasta qué punto pueden hacerse intuitiva la representación de una escala cualitativa. Pensemos por ejemplo en las señales del biofeedback, que pueden resultar efectivas bajo la representación de fuerzas, de potenciales, y de otras muchas relaciones más indirectas. Lo interesante es que estos tipos de realimentación asistidos no apuntan hacia el control y la manipulación, sino hacia la sintonización con el principio organizador de los "sistemas".

Desde nuestra perspectiva, ya lo hemos dicho repetidamente, todos los sistemas físicos, también los átomos, tienen realimentación ¿Cuáles son los límites físicos de, por ejemplo, un ser humano, para sintonizar con otras entidades? ¿La ritmodinámica de fase y sus resonancias, las escalas de tiempo, de energía, las relaciones constitutivas de tensión-deformación, la dependencia de la energía libre? ¿O la capacidad para alinearse con el polo que ambos sistemas tienen en común? ¿Hay interferencia o hay más bien un paralelismo sobre un mismo fondo?

Se trata de temas para los que la ciencia todavía no ha encontrado ni siquiera los mínimos criterios, pero que precisamente debería ayudarnos a superar la compulsión instrumental o *síndrome de instrumentación* que ha guiado a la tecnología humana desde las primeras herramientas, y que *se intensifica a medida que el objeto ofrece menos resistencia.*

Otra cuestión más es si este tipo de análisis trimodal, o incluso uno bimodal, tiene un carácter recursivo, como la misma realimentación y la presencia de la proporción continua en el sistema circulatorio permiten conjeturar; y de qué tipo de recursividad se trata.

*

La caracterización del equilibrio dinámico debería indicarnos siempre el Polo de la evolución de un sistema, si es que este lo tiene. En el caso del Sistema Solar y los planetas la cosa resulta obvia —y a pesar de todo todavía está muy lejos de recibir toda la atención que merece. Pero resulta que el ciclo nasal bilateral también nos está hablando de un eje en algo presuntamente poco polar, desde el punto de vista de la física, como la compresión y la liberación de un gas en nuestro propio organismo. Esto también debería llamar grandemente nuestra atención, y nos brinda un cabo a través del cual pueden revelarse otras muchas cosas.

[74]

De hecho el propio clima terrestre o el de otros planetas, con su enorme complejidad, es un sistema más explícitamente polar que el régimen respiratorio de cualquier mamífero —y en este caso la barrera separadora sería la zona de convergencia intertropical. La cuestión de interés es que, si se nos permite la analogía, desde un punto de vista termomecánico el grado de separación que ejerce la barrera, posiblemente asociado a una torsión topológica, podría estar definiendo también el grado de autonomía del sistema con respecto a las condiciones exteriores —llamémoslo el componente endógeno, si se quiere. Una visión endógena que tendría que complementarse debidamente con los sensores y observaciones apropiadas del llamado tiempo espacial [36].

Si antes decíamos que el que una elipse tenga en su interior dos focos no significa que sólo haya que buscar el origen de las fuerzas que la determinan en su interior, lo mismo vale para las perturbaciones que de ordinario afectan a otros organismos o sistemas, lo que no impide que sinteticen en su comportamiento la suma de factores externos e internos, en la respiración no menos que en otros balances que discurren en paralelo.

8. La razón continua, la estadística y la probabilidad

Se dice desde hace algún tiempo que en la ciencia de hoy "la correlación reemplaza a la causación", y por correlación se entiende evidentemente una correlación estadística. Pero ya desde Newton la física no se ha preocupado demasiado por la causación, ni podía hacerlo, así que no se trata tanto de un cambio radical como de un incremento progresivo en la complejidad de las variables.

En el manejo de distribuciones y frecuencias estadísticas apenas tiene sentido hablar de teorías falsas o correctas, sino más bien de modelos que se ajustan peor o mejor a los datos, lo que dota a esta área de mucha mayor libertad y flexibilidad con respecto a los supuestos. Las teorías físicas pueden ser innecesariamente restrictivas, y por el contrario una interpretación estadística es siempre demasiado poco vinculante; pero por otro lado, la física moderna está cada vez más saturada de aspectos probabilísticos, así que la interacción entre ambas disciplinas es cada vez estrecha en ambas direcciones.

Las cosas aún se ponen más interesante si introducimos la posibilidad de que el principio de máxima producción entropía esté presente en las ecuaciones fundamentales, tanto de la mecánica clásica como de la mecánica cuántica —y ya no digamos si se descubriesen relaciones básicas entre este principio y la proporción continua φ.

Tal vez el modelo de onda refleja/potencial retardado que hemos visto para el sistema circulatorio nos da una buena idea de un círculo virtuoso correlación/causación que cumple sobradamente con las exigencias de la mecánica pero deja en suspenso el sentido de la secuencia causa-efecto. A falta de construir esos vínculos más sólidos e internos, ahora nos contentaremos con mencionar algunas asociaciones más circunstanciales entre nuestra constante y las distribuciones de probabilidad.

La primera asociación de la media áurea con la probabilidad, la combinatoria, la distribución binomial y la hipergeométrica viene ya sugerida por la presencia de las series de Fibonacci en el triángulo polar ya comentado.

Cuando hablamos de probabilidad en la naturaleza o en las ciencias sociales dos distribuciones nos vienen ante todo a la cabeza: la casi ubicua distribución normal o gaussiana, en forma de campana, y las distribuciones de leyes de potencias, también conocidas como distribuciones de Zipf, de Pareto, o zeta para los casos discretos.

El ya citado Richard Merrick ha hablado de una "función de interferencia armónica" resultado de la amortiguación de armónicos, o dicho de otro modo, del cuadrado de las primeras doce frecuencias de la serie armónica partido por las frecuencias de los primeros doce números de Fibonacci. Se trataría, según su autor, de un equilibrio entre la resonancia espacial y la amortiguación temporal.

De este modo llega a lo que llama un "modelo simétrico de interferencia reflexiva", formado de la media armónica entre un círculo y una espiral. Merrick insiste en la trascendental importancia que tiene para toda la vida su organización en torno a un eje, lo que ya Vladimir Vernadsky había considerado como *el* problema clave de la biología.

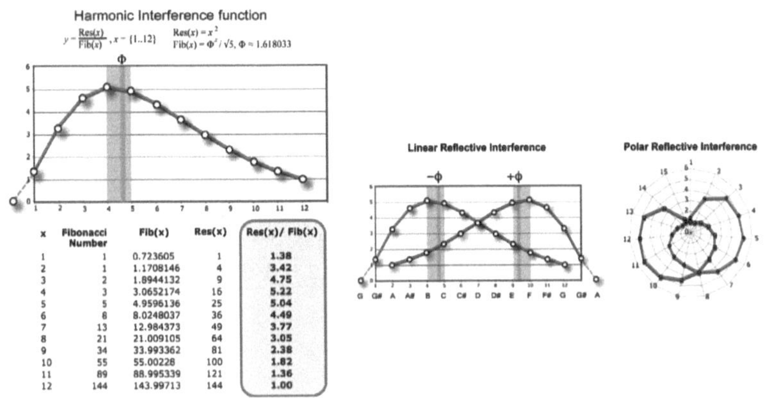

Richard Merrick, *Harmonically guided evolution*

Las ideas de Merrick sobre umbrales de máxima resonancia y máxima amortiguación pueden ponerse en concordancia con las ecuaciones de termomecánica de Pinheiro, y como ya hemos notado tendrían más alcance si contemplaran el principio de máxima entropía como conducente a la organización en lugar de lo contrario. Merrick elabora también una cierta teoría musical sobre una proporción privilegiada 5/6-10/12 a diferentes niveles, desde la organización del torso humano a la disposición de la doble hélice de DNA vista como la rotación de un dodecaedro en torno a un eje bipolar.

*

Las leyes de potencias y distribuciones zeta son igualmente importantes en la naturaleza y los acontecimientos humanos, y se presentan tanto en leyes de física fundamentales hasta la distribución de la riqueza entre la población, el tamaño de las ciudades o la frecuencia de los terremotos. Ferrer i Cancho y Fernández notan que φ es el valor en el que coinciden los exponentes de la distribución de probabilidad de una magnitud discreta y el del valor de la magnitud frente a su rango. De momento no se sabe si esto es una curiosidad o permitirá profundizar en el conocimiento de estas distribuciones [37].

Las distribuciones zeta o de Zipf están ligadas a las estructuras jerárquicas y a los acontecimientos catastróficos, y también se solapan con los fractales en el dominio espacial y con el llamado ruido 1/f en el dominio de los procesos temporales. A. Z. Mekjian hace un estudio mucho más generalizado de la aplicación de los números de Fibonacci-Lucas a la estadística que incluyen leyes de potencias hiperbólicas [38] .

I. Tanackov et al. muestran la estrecha relación de la distribución exponencial elemental con el valor $2\ln \varphi$, que les hace pensar que la aparición de de la proporción continua en la Naturaleza podría estar ligada a un caso especial de procesos de Markov —un caso no reversible, diríamos nosotros. Sabido es que las distribuciones exponenciales tienen máxima entropía. Con los números de Lucas, generalización de los de Fibonacci, se puede obtener una convergencia al valor de e mucho más rápida que con la misma expresión original de Bernouilli, lo que ya da en qué pensar; también con paseos no reversibles se puede obtener una convergencia más rápida que con el paseo aleatorio habitual [38bis].

Edward Soroko propuso una ley de armonía estructural para la estabilidad de los sistemas autoorganizados, basado en la razón continua y sus series considerando la entropía desde el punto de vista del equilibrio termodinámico [39]. Sin duda una parte de su trabajo es aprovechable o puede ser fuente de nuevas ideas, aunque aquí hemos hablado más de entropía en sistemas alejados del equilibrio.

Sería de gran interés precisar más las relaciones de las leyes de potencias con la entropía. El uso del principio de máxima entropía parece especialmente indicado para sistemas abiertos fuera de equilibrio y con alta autointeracción. Investigadores como

Matt Visser piensan que el principio de máxima entropía entendido en el sentido de Jaynes permiten una interpretación muy directa y natural de las leyes de potencias [40].

Normalmente se buscan leyes de potencias discretas o leyes de potencias continuas, pero en la naturaleza se aprecia a menudo un término medio entre ambas como observa Mitchell Newberry a propósito del sistema circulatorio. Como casi siempre, en tales casos se impone la ingeniería inversa sobre el modelo natural. La proporción continua y sus series nos ofrecen un procedimiento recursivo óptimo para pasar de escalas continuas a discretas, y su aparición en este contexto podría ser natural [41].

El promedio logarítmico parece ser el componente más importante de estas leyes de potencias, y la base de los logaritmos naturales, el número e, lo asociamos de inmediato con el crecimiento exponencial en el que una determinada variable aumenta sin restricciones, algo que en la naturaleza sólo puede aparecer en breves lapsos de corta duración. En cambio la proporción continua parece surgir en un contexto de equilibrio crítico entre al menos dos variables. Pero esto nos llevaría más bien a las curvas logísticas o en S, que son una forma modificada de la distribución normal y también una compensación a escala de una función tangente hiperbólica. Por otro lado las distribuciones exponenciales y las de leyes de potencias parecen muy diferentes pero a veces pueden estar directamente conectadas, lo que merecería un estudio por sí solo.

Como ya se apuntó, también podemos conectar las constantes e y Φ a través del plano complejo, como en la igualdad ($\Phi i = e^{\pm \pi i/3}$). Aunque la entropía siempre se ha medido con álgebras de números reales, G. Rotundo y M. Ausloos han mostrado que también aquí el uso de valores complejos puede estar justificado, permitiendo tratar no sólo una energía libre "básica" sino también "correcciones debidas a alguna estructura de escala subyacente"[42]. El uso de matrices de correlación asimétricas tal vez pueda conectarse con las matrices áureas generalizadas por Stakhov y que Sergey Pethoukov ha aplicado a la información del código genético [43].

En el contexto mecánico-estadístico la máxima entropía es sólo un extremo referido al límite termodinámico y a escalas de recurrencia de Poincaré inmensurables; pero en muchos casos relevantes en la naturaleza, y evidentemente en el contexto termomecánico, hay que considerar una entropía de equilibrio no máxima, que puede estar definida por el grano grueso del sistema. Pérez-Cárdenas et al. demuestran una entropía de grano grueso no máxima unida a una ley de potencias, siendo la entropía tanto menor cuando más fina es la granulosidad del sistema [44]. Esta granulosidad se puede vincular con las constantes de proporcionalidad en las ecuaciones de la mecánica, como la propia constante de Planck.

*

La probabilidad es un concepto predictivo, y la estadística uno descriptivo e interpretativo, y ambos deberían estar equilibrados si no queremos que el ser humano esté cada vez más gobernado por conceptos que no entiende en absoluto.

Por poner un ejemplo, el grupo de renormalización de la física estadística tiene cada vez más importancia en el manejo de datos de los filtros multinivel del aprendizaje automático, hasta el punto en que hoy hay quien afirma que ambas son la misma cosa. Pero no hay ni que decir que este grupo surgió históricamente para compensar los efectos de la autointeracción del lagrangiano en el campo electromagnético, un tema central de este artículo.

Para la predicción, los efectos de la autointeracción son más que nada "patológicos", puesto que complican los cálculos y conducen a menudo a infinitos —aunque la culpa de esto está en la incapacidad de tratar con partículas extensa de la relatividad especial, más que en la propia autointeracción. Pero para la descripción e interpretación el problema es el inverso, se trata de recuperar la continuidad de una realimentación natural rota por capas y más capas de reglas de cálculo, con sus convenciones y arbitrariedades. La conclusión no puede ser más clara: la búsqueda de predicciones, y la "inteligencia artificial" así concebida, ha crecido exponencialmente a costa de ignorar la inteligencia natural —la capacidad intrínseca de autocorrección en la naturaleza.

Si queremos revertir de alguna manera que el hombre sea gobernado por números que no entiende —y hasta los especialistas los entienden cada vez menos-, se impone ocuparse del camino regresivo o retrodictivo con al menos igual intensidad. Si los dioses destruyen a los hombres volviéndolos ciegos, los hacen ciegos por medio de las predicciones. *Como apunta Merrick, para la actual teoría de la evolución, si la vida desapareciera de este planeta o tuviera que empezar otra vez de cero, los resultados a largo plazo serían completamente diferentes, y si surgiera una especie racional sería biológicamente inconmensurable con el hombre. Eso es lo que comporta una evolución aleatoria. En una evolución armónicamente guiada por resonancia e interferencia como la que él contempla, los resultados volverían a ser más o menos los mismos, salvo por la incierta incidencia que puedan tener los grandes ciclos cósmicos más allá de nuestro alcance.

No existe azar puro, no hay nada puramente aleatorio; a poco organizada que sea una entidad, así sea una partícula o átomo, no puede dejar de filtrar el azar circundante según su propia estructura interna. Y el primer signo de organización es la aparición de un eje de simetría, que en las partículas viene definido por ejes de rotación.

La teoría de la evolución dominante, como la cosmología, ha surgido para llenar el gran vacío entre unas leyes físicas abstractas y reversibles, y por lo tanto ajenas al tiempo, y el mundo ordinario de la flecha del tiempo, las formas perceptibles y las secuencias de acontecimientos. La entera cosmología actual parte de un supuesto innecesario y contradictorio, el principio de inercia. La teoría biológica de la evolución, de uno falso, que la vida sólo está gobernada por el azar.

La presente "teoría sintética" de la evolución sólo ha llegado a existir por la separación de disciplinas, y en particular, por la segregación de la termodinámica de la física fundamental a pesar de que nada hay más fundamental que la Segunda Ley. No es casual que la termodinámica surgiera simultáneamente a la teoría de la evolución: la primera empieza con Mayer, de consideraciones sobre el trabajo y la fisiología, y la segunda con Wallace y Darwin partiendo, según la cándida admisión de éste último en las primeras páginas de su obra principal, de los supuestos de competencia de Malthus, que a su vez se retrotraen a Hobbes —una es una teoría del trabajo y la otra del ecosistema global entendido como un mercado de capital. En este ecosistema el capital acumulado es, por supuesto, la herencia biológica.

La evolución armónica de Merrick, por la interferencia colectiva de las partículas-ondas, es una puesta al día de una idea tan vieja como la música; y es además una visión sin finalidad y atemporal del acontecer del mundo. Pero para alcanzar la deseada profundidad en el tiempo, debe estar unida a los otros dos *dominios claramente teleológicos, pero espontáneos*, presentes en la mecánica y la termodinámica, y que aquí llamamos termomecánicos para abreviar.

Bastaría unir estos tres elementos para que la presente teoría de la evolución empezara a resultar irrelevante; y eso sin hablar de que la evolución humana y tecnológica es decididamente lamarckiana más allá de cualquier especulación. Hasta las moléculas de DNA están organizadas de la forma más manifiesta por un eje. Y en cuanto a la teoría de la información, sólo hay que recordar que ha salido de una interpretación peculiar de la termodinámica, y que es imposible hacer cómputos automáticos sin componentes con un eje de giro. Sea cual sea el grado de azar, el polo define su sentido.

Sin embargo, para entender mejor la acción del polo y la reacción espontánea que comporta la mecánica tendríamos que redescubrir la polaridad.

9. Cuestiones de programa —y de principio, otra vez: el cálculo, el análisis dimensional, la metrología y el reloj

En física y matemáticas, como en todas las áreas de la vida, tenemos principios, medios y fines. Los principios son nuestros puntos de partida, los medios, desde el punto de vista práctico-teórico, son los procedimientos de cálculo, y los fines son las interpretaciones. Estas últimas, lejos de ser un lujo filosófico, son las que determinan el contorno entero de representaciones y aplicabilidad de una teoría.

En cuanto a los principios, como ya comentamos, si queremos ver más de cerca de dónde emerge la razón continua, deberíamos observar todo lo posible las ideas de continuidad, homogeneidad y reciprocidad. Y esto incluye la consideración de que *todos los sistemas son abiertos*, puesto que si no son abiertos no pueden cumplir con el tercer principio de una forma digna de considerarse "mecánica".

Estos tres, o si se quiere cuatro principios, están incluidos de forma inespecífica en el principio de equilibrio dinámico, que es la forma de prescindir del principio de inercia, y de paso, del de relatividad. Si por lo demás hablamos de continuidad, ello no quiere decir que afirmemos que el mundo físico deba de ser necesariamente continuo, sino que no se debería romper lo que parece una continuidad natural sin necesidad.

En realidad los principios también determinan el alcance de nuestras interpretaciones aunque no las precisan.

En cuanto al cálculo, que en forma de predicciones se ha convertido para la física moderna en la casi exclusiva finalidad, es precisamente el hecho de que siempre se trata de justificar la forma en que se han llegado a resultados que ya se conocían de antemano —en el comienzo de las teorías, antes de que se empiecen a emitir predicciones potencialmente contenidas en ella- lo que lo ha convertido en un útil heurístico por encima de consideraciones de lógica y consistencia. Por supuesto que existe una trabajosa fundamentación del cálculo por Bolzano, Cauchy y Weierstrass, pero ésta se preocupa más de salvar los resultados ya conocidos que de hacerlos más inteligibles.

En este punto no podemos estar más de acuerdo con Mathis, que ha emprendido una batalla en solitario por intentar depurar y simplificar estos fundamentos. A lo que Mathis propone se le puede buscar el precedente del cálculo de diferencias finitas y el cálculo de umbrales, pero éstos se consideran subdominios del cálculo estándar y en última instancia no han contribuido a aportar claridad.

Una velocidad instantánea sigue siendo un imposible que la razón rechaza, y además no existe tal cosa sobre un gráfico. Si hay teorías físicas, como la relatividad especial, que rompen innecesariamente con la continuidad de las ecuaciones clásicas, aquí tenemos el caso contrario, pero con otro efecto igualmente disruptivo: se crea una falsa noción de continuidad, o pseudocontinuidad, que no está justificada por nada. El cálculo moderno nos ha creado para nosotros una ilusión de dominio sobre el infinito y el movimiento sustrayendo al menos una dimensión del espacio físico, no haciendo en este caso honor a ese término "análisis" del que tanto se precia. Y esto, naturalmente, debería tener consecuencias en todas las ramas de la física matemática [45].

Los argumentos de Mathis son absolutamente elementales e irreductibles; se trata también de cuestiones de principio, pero no sólo de principio puesto que los problemas del cálculo son eminentemente técnicos. El cálculo original se concibió para calcular áreas bajo curvas y tangentes a esas curvas. Es evidente que las curvas de un gráfico no pueden confundirse con las trayectorias reales de objetos y que en ellas no hay puntos ni instantes, luego las generalizaciones de sus métodos contienen esa conflación dimensional.

El cálculo de diferencias finitas está además íntimamente relacionado con el problema de las partículas con extensión, sin las cuales es casi imposible pasar de la abstracción ideal de las leyes físicas a las formas aparentes de la naturaleza.

El mismo Mathis admite repetidamente, por ejemplo en su análisis de la función exponencial, que hay muchísimas cosas todavía por definir en su redefinición del cálculo, pero esto deberían ser buenas noticias, no malas. Al menos el procedimiento es claro: la derivada no se encuentra en un diferencial que se aproxima a cero, sino en un subdiferencial que es constante y que sólo puede ser la unidad, un intervalo unidad; un diferencial sólo puede ser un intervalo, nunca un punto, y es a esto a lo que la misma definición del límite debe su rango de validez. En los problemas físicos ese intervalo unidad debe corresponder a un tiempo transcurrido y una distancia recorrida.

Tratando de ver más allá de los esfuerzos de Mathis, podría decirse que, si las curvas vienen definidas por exponentes, cualquier variación en una función tendría que poder expresarse en forma de equilibrio dinámico cuyo producto es la unidad; y en todo caso por un equilibrio dinámico basado en un valor constante unitario, que es el intervalo. Si el cálculo y la mecánica clásicos crecieron uno junto al otro como gemelos casi indistinguibles, con aún más razón debería hacerlo una mecánica relacional en la que la inercia se disuelve siempre en movimiento.

La parte heurística del cálculo moderno se sigue basando en el promedio y la compensación de errores; mientras que la fundación es racionalizada en términos de límite, pero funciona por el intervalo unidad subyacente. La semejanza entre la barra de una balanza y una tangente es obvia; lo que no se ve es qué es precisamente lo que se compensa. El cálculo de Mathis no opera por promedios, el que opera por promedios es el cálculo estándar. Mathis ha encontrado el fiel de la balanza, ahora lo que falta es poner a punto los platos y los pesos. Luego volveremos sobre esto.

Las disputas que de cuando en cuando todavía existen, incluso entre grandes matemáticos, respecto al cálculo estándar y no estándar, o incluso las diversas formas de tratar infinitesimales, revelan al menos que distintos caminos son posibles; sólo que para la mayoría de nosotros resultan remotas y muy alejadas de las cuestiones básicas que habría que analizar en primer lugar.

Antes hablábamos de una fórmula de Tanackov para calcular la constante *e* mucho más rápida que "el método directo" clásico; pero es que matemáticos aficionados como el ya citado Harlan Brothers han encontrado, hace apenas veinte años, *muchas* formas cerradas diferentes de calcularla más rápidas y a la par que más compactas. La comunidad matemática lo puede tratar como una curiosidad, pero si esto pasa con los rudimentos más básicos del cálculo elemental, qué no podrá ocurrir en la tupida selva de las funciones de orden superior.

Un caso hasta cierto punto comparable sería el del cálculo simbólico o álgebra computacional, que ya hace 50 años comprobó que muchos algoritmos clásicos, incluida gran parte del álgebra lineal, eran terriblemente ineficientes. Sin embargo, y por lo que se ve, nada de esto ha afectado al cálculo propiamente dicho.

"Trucos" como los de Brothers permanecen en el dominio de la heurística, aunque hay que reconocer que ni Newton, ni Euler, ni ningún otro gigante del cálculo los conocía; pero aunque sean heurística no pueden dejar de apuntar en la dirección correcta, puesto que la simplicidad suele ser indicativa de la verdad. Sin embargo en el caso de Mathis hablamos no sólo de los fundamentos mismos, que ninguno de las revisiones del cálculo simbólico ha osado tocar, sino incluso de la validez de los resultados, lo que ya rebasa lo que los matemáticos están dispuestos a considerar. Al final del capítulo veremos si se puede justificar esto.

En realidad, pretender que un diferencial tienda a cero equivale a permitirlo todo con tal de llegar al resultado deseado; es la condición ideal de versatilidad para la heurística y la adhocracia. La exigencia fundamental del cálculo constante o unitario —del cálculo diferencial sin más- puede parecer al principio como poner un palo en una rueda que ya funciona a pleno rendimiento, pero es ante todo veraz. Ninguna cantidad de ingenio puede sustituir a la rectitud en la búsqueda de la verdad.

Lo de Mathis no es algo quijotesco; hay aquí mucho más de lo que puede verse a simple vista. Existen estándares reversibles y estándares prácticamente irreversibles, como la ineficaz distribución actual de las letras del alfabeto en el teclado, que parece imposible de cambiar aunque ya nadie usa las viejas máquinas. No sabemos si el cálculo infinitesimal será otro ejemplo de estándar imposible de revertir pero lo que aquí está en juego está mucho más allá de cuestiones de conveniencia, y bloquea una mejor comprensión de una infinidad de asuntos; su superación es condición indispensable para la transformación cualitativa del conocimiento.

*

Los físicos teóricos de hoy, obligados a una manipulación altamente creativa de las ecuaciones, tienden a desestimar el análisis dimensional como algo irrelevante y estéril; seguramente esa actitud se debe a que consideran que cualquier revisión de los fundamentos está fuera de lugar, y sólo cabe mirar hacia adelante.

En realidad, el análisis dimensional es más inconveniente que otra cosa, puesto que de ningún modo es algo inocuo: puede demostrar con sólo unas líneas que la carga es equivalente a la masa, que las relaciones de indeterminación de Heisenberg son condicionales e infundadas, o que la constante de Planck sólo debería aplicarse al electromagnetismo, en lugar de generalizarse a todo el universo. Y puesto que a la física teórica moderna está en el negocio de generalizar sus conquistas a todo lo imaginable, cualquier contradicción o restricción a su expansión por el único lugar por el que se le permite expandirse tiene que verse con notoria hostilidad.

En realidad es fácil ver que el análisis dimensional tendría que ser una fuente importante de verdades con sólo que se le permitiera ejercer su papel, puesto que la física moderna es una torre de Babel de unidades sumamente heterogéneas que son el reflejo de las contorsiones realizadas en nombre de la simplicidad o elegancia algebraica. Las ecuaciones de Maxwell, en comparación con la fuerza de Weber que le precedió, son el ejemplo más elocuente de esto.

El análisis dimensional cobra además un interés añadido cuando ahondamos en la relación entre cantidades intensivas y extensivas. La desconexión entre las constantes matemáticas e y φ también está asociada con esta amplia cuestión. En materia de entropía, por ejemplo, usamos los logaritmos para convertir propiedades intensivas como la presión y la temperatura en propiedades extensivas, convirtiendo por conveniencia relaciones multiplicativas en relaciones aditivas más manejables. Esa conveniencia se convierte en necesidad sólo para los aspectos que ya son extensivos, como la expansión.

Ilya Prigogine mostró que cualquier tipo de energía puede descomponerse en una variable intensiva y otra extensiva cuyo producto nos da una cantidad; una expansión, por ejemplo viene dada por el producto PxV de la presión (intensiva) por el volumen (extensiva). Lo mismo puede hacerse para relaciones como cambios de masa/densidad con la relación entre velocidad y volumen, etcétera.

La imparable proliferación de medidas en todas las especialidades ya hace cada vez más necesaria la simplificación. Pero, aparte de eso, existe la urgencia de reducir la heterogeneidad de magnitudes físicas si es que queremos que la intuición le gane la batalla a la complejidad de la que somos cómplices.

Todo esto además se relaciona estrechamente con el cálculo finito y la teoría algorítmica de la medida, igualmente finitista, desarrollada por A. Stakhov. La teoría matemática clásica de la medida se basa en la teoría de conjuntos de Cantor y como es sabido no es constructiva ni está conectada con los problemas prácticos, por no hablar ya de los arduos problemas de la teoría de medida en física. Sin embargo la teoría desarrollada por Stakhov es constructiva e incorpora naturalmente un criterio de optimización.

Para apreciar el alcance de la teoría algorítmica de la medida en nuestra presente babel numérica hay que comprender que nos lleva de vuelta a los orígenes en Babilonia del sistema de numeración posicional, llenando una laguna de gran importancia en la actual teoría de los números y los campos numéricos. Esta teoría es isomorfa con un nuevo sistema numérico y una nueva teoría de las poblaciones biológicas. El sistema numérico, creado por George Bergman en 1957 y generalizado por Stakhov, se basa en las potencias de φ. Si para Pitágoras "todo es número", para este sistema "todo número es proporción continua".

La teoría algorítmica de la medida también plantea la cuestión del equilibrio, puesto que su punto de partida es el llamado problema de Bachet-Mendeleyev, que curiosamente aparece también por primera vez en la literatura occidental en 1202 con el *Liber Abacci* de Fibonacci. La versión moderna del problema consiste en encontrar *el sistema óptimo de pesos estándar* para una balanza que tiene un tiempo de respuesta o sensibilidad. En el caso límite, en que no hay lapso de respuesta, el tiempo no interviene como factor operativo en el acto de encontrar los pesos. Alexey

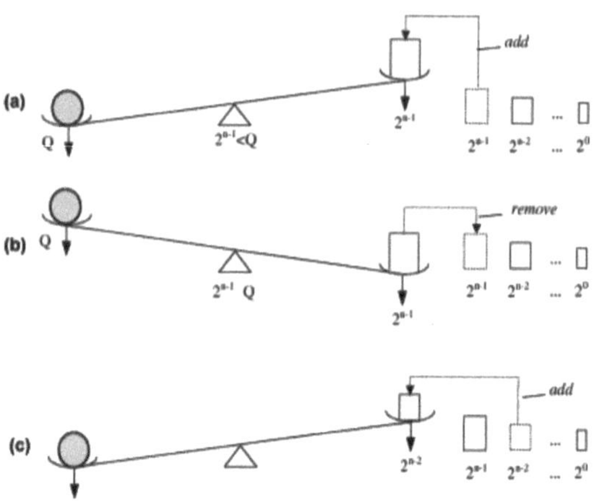

Stakhov: teoría algorítmica de la medida

Según Stakhov, el punto clave del problema de los pesos es la profunda conexión entre los algoritmos de medida y los métodos posicionales de numeración. Sin embargo, mi impresión es que aún admite una conexión más profunda con el cálculo mismo y los problemas de ajustar una función. En fin, los pesos de los platillos que necesitaba el fiel de la balanza identificado por Mathis. Naturalmente, no decimos que sea necesario utilizar potencias de φ ni cambiar de sistema de numeración, pero se pueden desarrollar ideas muy útiles sobre los algoritmos más simples.

Por supuesto, la teoría algorítmica de la complejidad nos dice que no se puede demostrar que un algoritmo es el más simple, pero eso no significa que no los busquemos continuamente, con independencia de la demostración. La eficiencia y la demostración no tienen por qué coincidir, eso no tiene nada de sorprendente.

El ser humano tiende inevitablemente a optimizar aquello que más mide; sin embargo no tenemos una teoría que armonice las necesidades de la metrología y la teoría de la medida con las de la matemática, la física y las ciencias descriptivas, ya sean sociales o naturales. Hoy de hecho existen muchas teorías de la medida diferentes, y cada disciplina tiende a buscar aquello que más le conviene. Sin embargo todas las métricas vienen definidas por una función, y las funciones vienen definidas por el cálculo o análisis, que no quiere tener nada que ver con los problemas prácticos de la medida y pretende ser tan pura como la aritmética aunque esté muy lejos de ello.

Esto puede parecer una situación un tanto absurda y de hecho lo es, pero también sitúa a una hipotética teoría de la medida que esté en contacto directo con los aspectos prácticos, los fundamentos del cálculo y la aritmética en una situación estratégica privilegiada por encima de la deriva e inercia de las especialidades.

El cálculo o análisis no es una ciencia exacta, y es demasiado pretender que lo sea. Por un lado, y en lo que respecta a la física, comporta al menos una conexión directa con las cuestiones de medida que debería ser explícita del lado mismo de la matemática; por el otro lado, el carácter altamente heurístico de sus procedimientos más básicos habla por sí solo. Si la propia aritmética y la geometría tienen grandes lagunas, siendo incomparablemente más nítidas, sería absurdo pretender que el cálculo no puede tenerlas.

*

Por otra parte, la física nunca va a dejar de tener tanto componentes discretos y estadísticos —cuerpos, partículas, ondas, colisiones, actos de medición, etc- como continuos, lo que hace aconsejable un análisis estadístico relacional cronométrico.

Un ejemplo de análisis estadístico relacional es el que propone V. V. Aristov. Aristov introduce un modelo constructivo y discreto del tiempo como movimiento usando la idea de sincronización y de reloj físico que ya introdujo Poincaré justamente con la problemática del electrón. Aquí cada momento del tiempo es un cuadro puramente espacial. Pero no sólo se trata de la conversión del tiempo en espacio, también de entender el origen de la forma matemática de las leyes físicas: *"Las ecuaciones físicas ordinarias son consecuencias de los axiomas matemáticos, 'proyectados' en*

[95]

la realidad física por medio de los instrumentos fundamentales. Uno puede asumir que es posible construir relojes diferentes con una estructura diferente, y en este caso tendríamos diferentes ecuaciones para la descripción del movimiento."

El mismo Aristov ha provisto modelos de reloj partiendo de procesos no periódicos, esto es, supuestamente aleatorios, que también tienen un gran interés. Un reloj que parte de un proceso no periódico podría ser, por ejemplo, un motor de pistón en un cilindro; y esto puede dar pie a incluir igualmente los procesos termodinámicos.

Hay que notar, además, que los procesos cíclicos, aun a pesar de su periodicidad, enmascaran influencias adicionales o ambientales, como bien hemos visto con la fase geométrica. A esto se suma el filtro deductivo de principios innecesariamente restrictivos, como ya hemos visto en el caso de la relatividad. Y por si todos ello fuera poco, tenemos el hecho, apenas reconocido, de que muchos procesos considerados puramente aleatorios o "espontáneos", como la desintegración radiactiva, muestran estados discretos durante fluctuaciones en procesos macroscópicos, como ha mostrado extensivamente S. Shnoll y su escuela durante más de medio siglo.

Efectivamente, desde la desintegración radiactiva a las reacciones enzimáticas y biológicas, pasando por los generadores automáticos de números aleatorios, muestran periodos recurrentes de 24 horas, 24 horas, 27 y 365 días, que obviamente responden a un patrón astronómico y cosmofísico.

Sabemos que esta regularidad es "cribada" y descontada rutinariamente como "no significativa", en un ejemplo de hasta qué punto los investigadores están bien enseñados a seleccionar los datos, pero, más allá de esto, la pregunta sobre si tales reacciones son espontáneas o forzadas permanece. Pero se puede avanzar una respuesta: uno las llamaría espontáneas incluso en el caso en que pudiera demostrarse un vínculo causal, desde el momento en que los cuerpos contribuyen con su propio impulso.

El rendimiento estadístico de las redes neuronales multinivel —la estrategia de la fuerza bruta del cálculo- se ve frenado incrementalmente por el carácter altamente heterogéneo de los datos y unidades con los que se los alimenta, aun a pesar de que obviamente las dinámicas tratadas sean independientes de las unidades. A la larga no se puede prescindir de la limpieza de principios y criterios, y los atajos que han buscado las teorías para calcular suponen un peso muerto que se acumula. Y por encima de todo, de poco sirve a qué conclusiones puedan llegar las máquinas cuando nosotros ya somos incapaces de interpretar las cuestiones más simples.

El rendimiento de una red relacional es también acumulativo, pero justo el sentido contrario; tal vez habría que decir, más bien, que crece de manera constructiva y modular. Sus ventajas, como los de la física que lleva tal nombre —y las redes de información en general- no se advierten a primera vista pero aumentan con el número de conexiones. La mejor forma de probar esto es extendiendo la red de conexiones relacionales. Y efectivamente, se trata de trabajo e inteligencia colectivas. Con los cortes arbitrarios a la homogeneidad relacional aumenta la interferencia destructiva y la redundancia irrelevante; por el contrario, a mayor densidad relacional, mayor es la interferencia constructiva. No creo que esto requiera demostración: Las relaciones totalmente homogéneas permiten grados de inclusión de orden superior sin obstrucción, del mismo modo que las ecuaciones hechas de elementos heterogéneos comportan ecuaciones dentro de ecuaciones en calidad de elementos opacos o nudos por desenredar [46].

*

Volvamos de nuevo al cálculo, aunque bajo otro ángulo. El cálculo diferencial de Mathis no siempre obtiene los mismos resultados del cálculo estándar, lo que parecería suficiente para descartarlo. Puesto que su principio es indudable, los errores podrían estar en el uso del principio, en su aplicación, quedando todavía los criterios por clarificar. Esto por un lado. Por el otro, que hay una "reducción dimensional" de las curvas en el cálculo estándar es un hecho, que sin embargo no es muy reconocido porque después de todo ahora se supone que los gráficos son secundarios y aun prescindibles.

¿Lo son realmente? Sin los gráficos el cálculo nunca hubiera nacido, y eso ya es suficiente. David Hestenes, el gran valedor del álgebra y cálculo geométricos, suele decir que la geometría sin álgebra es torpe, y el álgebra sin geometría ciega. Habría que añadir que no sólo el álgebra, sino igualmente el cálculo, y en una medida mayor de la que nos imaginamos; siempre que comprendamos que en la "geometría" hay más de lo que suelen decirnos los gráficos. Vamos ahora a observar otro tipo de gráficos, esta vez de vórtices, debidos a P. A. Venis [47].

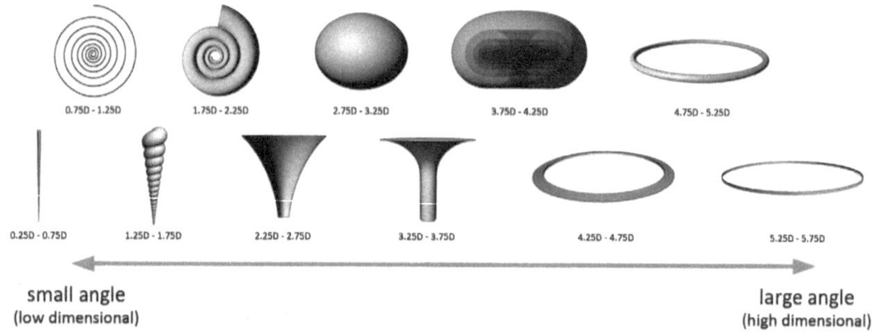

Peter Alexander Venis

En la secuencia de transformación de vórtices Venis hace una estimación de su dimensionalidad que al principio puede parecer arbitraria, aunque se basa en algo tan "evidente" como el paso del punto a la recta, de la recta al plano y del plano al volumen. También sorprenden las dimensiones fraccionarias, hasta que comprendemos que se trata de una simple estimación sobre la continuidad dentro del orden de la secuencia, que no puede ser más natural.

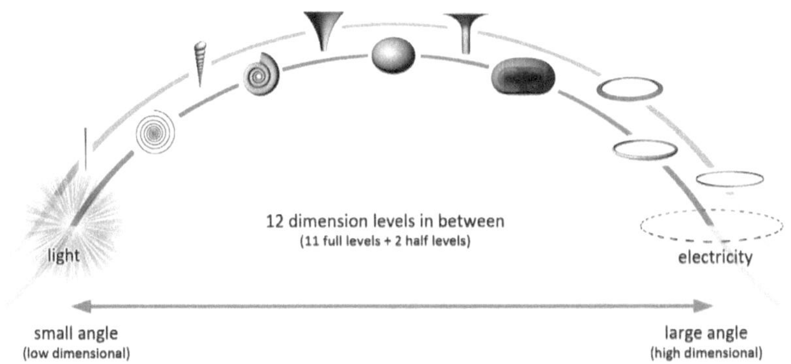

Peter Alexander Venis

Aunque Venis no busque una demostración, su secuencia de transformaciones es más convincente que un teorema. Basta mirar un minuto con atención para que su evolución resulte evidente. Se trata de una clave general para la morfología, con independencia de la interpretación física que queramos darle.

Para Venis la aparición de un vórtice en el plano físico es un fenómeno de proyección de una onda de un campo único donde las dimensiones existen como un todo compacto y sin partes: otra forma de hablar del medio homogéneo como unidad de referencia para el equilibrio dinámico. Está claro que en un medio completamente homogéneo no podemos caracterizarlo ni como lleno ni como vacío, y lo mismo da decir que tiene un número infinito de dimensiones que decir que no tiene ninguna.

Así, tanto las dimensiones ordinarias, como las fraccionarias, e incluso las dimensiones negativas son un fenómeno de proyección, de geometría proyectiva. La naturaleza física es real puesto que participa de este campo único o medio homogéneo, y es una ilusión proyectada en la medida en que lo concebimos como una parte independiente o una infinidad de partes separadas.

Las dimensiones negativas se deben a un ángulo de proyección menor de 0 grados, y conducen a la evolución toroidal que va más allá del bulbo en equilibrio en tres dimensiones —es decir, las

[99]

dimensiones superiores a las tres ordinarias. Forman por tanto un contraespacio proyectivo complementario del espacio ordinario de la materia, que no es menos proyección que el primero con respecto a la unidad. La luz y la electricidad están en extremos opuestos de la manifestación, de evolución e involución en la materia: la luz es el fiat, y la electricidad la extinción. Se podría elaborar mucho sobre esto pero dejaremos algo para luego.

Cortes arbitrarios en la secuencia dejan expuestas dimensiones fraccionales que coinciden con las formas que apreciamos. Puesto que el propio Mathis atribuye las diferencias de resultados entre su cálculo y el cálculo estándar a que este último elimina al menos una dimensión, y en la secuencia de transformaciones tenemos toda una serie de dimensiones intermedias para funciones básicas, éste sería un excelente banco de pruebas para comparar ambos.

Michael Howell afirma que con el análisis fractal se evita la reducción de dimensiones, y traduce la curva exponencial en "una forma fractal de aceleración variable" [48]. Hay que recordar que según Mathis el cálculo estándar tiene errores incluso en la función exponencial; el análisis de la evolución dimensional de los vórtices nos brinda un amplio espectro de casos para sacarnos de dudas. Pienso en derivadas fraccionales y curvas diferenciables, antes que en fractales entendidos como curvas no diferenciables. Sería interesante ver cómo se aplica el diferencial constante a derivadas fraccionales.

La historia del cálculo fraccional, que ha adquirido tanto auge en el siglo XXI, se remonta a Leibniz y a Euler y es uno de los raros casos en que matemáticos y físicos echan en falta una interpretación. A pesar de que su uso se ha extendido a dominios intermedios en procesos exponenciales, ondulatorios, difusivos y de muchos otros tipos, la dinámica fraccional presenta una dependencia no local de la historia que no concuerda con el tipo de evolución temporal acostumbrado; aunque también existe un cálculo fraccional local. Para tratar de conciliar esta divergencia Igor Podlubny propuso distinguir entre un tiempo cósmico inhomogéneo y un tiempo individual homogéneo [49].

Podlubny admite que la geometrización del tiempo y su homogeneización se deben ante todo al cálculo, y nota que los intervalos de espacio pueden compararse simultáneamente, pero los de tiempo no, y sólo podemos medirlos como secuencia. Lo que puede sorprender es que este autor atribuya la no homogeneidad al tiempo cósmico, en lugar de al tiempo individual, puesto que en realidad la mecánica y el cálculo se desarrollan al unísono bajo el principio de la sincronización global, de la simultaneidad de acción y reacción. En esto la relatividad no es diferente de la mecánica de Newton. El tiempo individual sería una idealización del tiempo creado por la mecánica, lo que es ponerlo todo del revés: en todo caso sería el tiempo de la mecánica el que es una idealización.

Por un lado el cálculo fraccional es contemplado como un auxiliar directo para el estudio de todo tipo de "procesos anómalos"; pero por otro lado el mismo cálculo fraccional es una generalización del cálculo estándar que incluye al cálculo ordinario y por lo tanto también permite tratar toda la física sin excepción. Esto hace pensar que, más que ocuparse de procesos anómalos, es el cálculo ordinario el que produce una normalización, que afecta a todas las cantidades que computa y entre ellas el tiempo.

Venis también habla de ramas temporales y tiempo no homogéneo, aunque sus razonamientos se quedan más bien a mitad de camino entre la lógica de su secuencia, que representa un flujo del tiempo individualizado, y la lógica de la relatividad. Sin embargo es la lógica secuencial la que debería definir el tiempo en general y el tiempo individual o tiempo local en particular —no la lógica de la simultaneidad del sincronizador global. Volveremos pronto sobre esto.

10. Del monopolo a la polaridad

La polaridad fue siempre un componente esencial de la
filosofía natural y aun del pensamiento sin más, pero la llegada de
la teoría de la carga eléctrica sustituyó una idea viva por una simple
convención.

A propósito del vórtice esférico universal, hablábamos antes
de la hipótesis del monopolo de Dirac. Dirac conjeturó la existencia
de un monopolo magnético por una mera cuestión de simetría:
si existen monopolos eléctricos, ¿por qué no existen igualmente
unidades de carga magnética?

Mazilu, siguiendo a E. Katz, razona que no hay ninguna
necesidad de completar la simetría, puesto que en realidad ya
tenemos una simetría de orden superior: los polos magnéticos
aparecen separados por porciones de materia, y los polos eléctricos
sólo se presentan separados por porciones de espacio vacío. Lo
cual está en perfecta sintonía con la interpretación de las ondas
electromagnéticas como un promedio estadístico de lo que ocurre
entre el espacio y la materia.

Y que pone el dedo sobre la cuestión que se procura evitar:
se dice que la corriente es el efecto que se produce entre cargas,
pero en realidad es la carga la que está definida por la corriente. La

carga elemental es una entidad postulada, no algo que se siga de las definiciones. Con razón puede decir Mathis que puede prescindirse por completo de la idea de carga elemental y sustituirla por la masa, lo que está justificado por el análisis dimensional y simplifica enormemente el panorama —librándonos entre otras cosas, de constantes del vacío como la permitividad y permeabilidad que son totalmente inconsecuentes con la misma palabra "vacío" [50].

Visto así, no se encuentran monopolos magnéticos porque para empezar tampoco existen ni monopolos eléctricos ni dipolos. Lo único que habría es gradientes de una carga neutra, fotones, produciendo efectos atractivos o repulsivos según las densidades relativas y la sombra o pantalla ejercida por otras partículas. Y por cierto, es este sentido puramente relativo y cambiante de la sombra y luz lo que caracterizaba la noción original del yin y el yang y la polaridad en todas las culturas hasta que llegó el gran invento de la carga elemental.

Así pues, bien puede decirse que la electricidad mató a la polaridad, muerte que no durará mucho tiempo puesto que la polaridad es un concepto mucho más vasto e interesante. Es verdaderamente liberador para la imaginación y nuestra forma de concebir la Naturaleza prescindir de la idea de cargas embotelladas por doquier.

Y es más interesante incluso para un objeto teorético tal como el monopolo. Los físicos teóricos han imaginado incluso monopolos cosmológicos globales. Pero basta con imaginar un vórtice esférico universal como el ya apuntado, sin ningún tipo de carga, pero con autointeracción y un movimiento doble para que surjan las rotaciones asociadas al magnetismo y las atracciones y repulsiones asociadas a las cargas. Las mismas inversiones del campo en la electrodinámica de Weber invitaban ya a pensar que la carga es un constructo teórico.

Deberíamos llegar a *ver* la atracción y repulsión electromagnéticas como totalmente independientes de las cargas, e inversamente, al campo único que incluye la gravedad, como capaz tanto de atracción como de repulsión. Esta es la condición, no ya para unificar, sino para acercarse a la unidad efectiva que presuponemos en la Naturaleza.

*

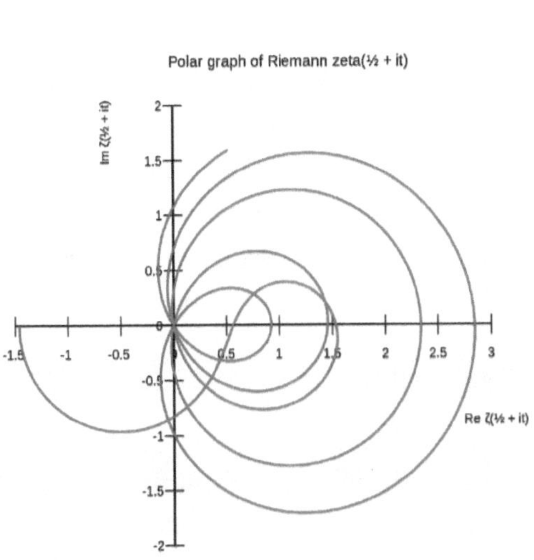

El tema de la polaridad nos lleva a pensar en otro gran problema teórico para el que se busca un correlato experimental: la función zeta de Riemann. Como es sabido ésta presenta una enigmática semejanza con las matrices aleatorias que describen niveles de energía subatómicos y otros muchos aspectos colectivos de la mecánica cuántica. La ciencia busca estructuras matemáticas en la realidad física, pero aquí por el contrario tendríamos una estructura física reflejada en una realidad matemática. Grandes físicos y matemáticos como Berry o Connes propusieron hace más de diez años confinar un electrón en dos dimensiones y someterlo a campos electromagnéticos para «obtener su confesión» con la forma de los ceros de la función.

Se ha conjeturado ampliamente sobre la dinámica idónea para recrear la parte real de los ceros de la función zeta. Berry

[105]

conjetura que esta dinámica debería ser irreversible, acotada e inestable, lo cual la aleja de los estados ordinarios de los campos fundamentales, pero no tanto de las posibilidades termomecánicas; tanto más si lo que está en cuestión es la relación aritmética entre la adición y la multiplicación, frente al alcance de las reciprocidades multiplicativas y aditivas en física.

Los físicos y matemáticos piensan en su inmensa mayoría que no hay nada que interpretar en los números imaginarios o el plano complejo; sin embargo, en cuanto se toca la función zeta, apenas hay nadie que no empiece por hablar de la interpretación de los ceros de la función —especialmente cuando se trata de su relación con la mecánica cuántica. A este respecto todo son muy débiles conjeturas, lo que demuestra que basta con que no se tengan soluciones para que sí haya un problema de interpretación, y de gran magnitud, por lo demás.

Tal vez, para saber a qué atenerse, habría que depurar el cálculo en el sentido en que lo hace Mathis y ver hasta qué punto se pueden obtener los resultados de la mecánica cuántica sin recurrir a los números complejos ni a los métodos tan crudamente utilitarios de la renormalización. De hecho en la versión del cálculo de Mathis cada punto equivale al menos a una distancia, lo que debería darnos información adicional. Si el plano complejo permite extensiones a cualquier dimensión, deberíamos verificar cuál es su traducción mínima en números reales, tanto para problemas físicos como aritméticos. Después de todo, el punto de partida de Riemann fue la teoría de funciones y el análisis complejo, antes que la teoría de los números.

Seguramente si físicos y matemáticos conocieran el rol del plano complejo en sus ecuaciones no estarían pensando en confinar electrones en dos dimensiones y otras tentativas igualmente desesperadas.

La función zeta de Riemann nos está invitando a inspeccionar los fundamentos del cálculo, las bases de la dinámica, y hasta el modelo de la partícula puntual y carga elemental. La función zeta tiene un polo en la unidad y una línea crítica con valor de 1/2 en la que aparecen todos los ceros no triviales conocidos. Obviamente los portadores de la "carga elemental", el electrón y el protón, tienen ambos un espín con valor de 1/2 y el fotón que los acopla, uno con valor igual a 1. ¿Pero porqué el espín ha de ser un valor estadístico y la carga no? Está claro que hay una conexión íntima entre la descripción de los bosones y fermiones y las propiedades de la función zeta, que ya se ha aplicado a muchos problemas. El interés de las analogías físicas para la función zeta sería posiblemente mucho mayor si se prescindiera del concepto de carga elemental.

Que la parte imaginaria de la función de onda del electrón está ligada al espín y a la rotación no es ningún misterio. La parte imaginaria de las partículas de materia o fermiones, entre las que se cuenta el electrón no tiene sin embargo ninguna relación obvia con el espín. Ahora bien, en las ondas electromagnéticas clásicas se observa que la parte imaginaria del componente eléctrico está relacionada con la parte real del componente magnético, y al revés. Las amplitudes de dispersión y su continuación analítica no pueden estar separadas de las estadísticas de espín, y viceversa; y ambos están respectivamente asociados con fenómenos de tipo tiempo y tipo espacio. También puede haber distintas continuaciones analíticas con distintas interpretaciones geométricas en el álgebra de Dirac.

En electrodinámica todo el desarrollo de la teoría va de la forma más explícita de lo global a lo local. El teorema integral de Gauss, que Cauchy usó para demostrar su teorema del residuo del análisis complejo, da el prototipo de integral cíclica o de periodo, y originalmente está libre de especificaciones métricas —como lo está la ley de electrostática de Gauss, aunque esto muy rara vez se recuerda. La integral de Aharonov-Bohm, prototipo de fase geométrica, tiene una estructura equivalente a la de Gauss.

Como subraya Evert Jan Post, la integral de Gauss funciona como un contador natural de unidades de carga, igual que la de Aharonov-Bohm lo es para unidades de flujo cuantizadas en la autointerferencia de haces. Esto habla en favor de la interpretación colectiva o estadística de la mecánica cuántica como opuesta a la interpretación de Copenhague que enfatiza la existencia de un sistema individual con estadísticas no-clásicas. Los principales parámetros estadísticos serían aquí, en línea con el trabajo de Planck de 1912 en el que introdujo la energía de punto cero, la fase mutua y la orientación de los elementos del conjunto [51]. No hay ni que decir que la orientación es un aspecto independiente de la métrica.

Ni que decir tiene, este razonamiento integral demuestra toda su vigencia en el efecto Hall cuántico y su variante fraccional, presente en sistemas electrónicos bidimensionales sometidos a condiciones especiales; lo que nos llevaría a los mencionados intentos de confinamiento de electrones, pero desde el ángulo de la estadística ordinaria. En definitiva, si hay una correlación entre la función y los niveles de energía atómicos, ello no debería atribuirse a alguna propiedad especial de la mecánica cuántica sino a los grandes números aleatorios que pueden generarse a nivel microscópico.

Si algo no lo podemos entender en el dominio clásico, difícilmente lo vamos a ver más claro bajo las cortinas de niebla de la mecánica cuántica. Existen correlatos bien significativos de la zeta en física clásica sin necesidad de invocar el caos cuántico; y de hecho modelos bien conocidos como el de Berry, Keating y Connes son semiclásicos, lo que es una forma de quedarse a mitad de camino. Podemos encontrar un exponente clásico en los billares dinámicos, empezando con un billar circular, que puede extenderse a otras formas como elipses o la llamada forma de estadio, un rectángulo con dos semicírculos.

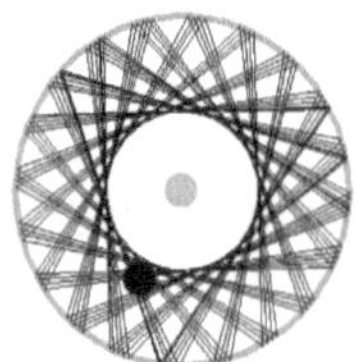

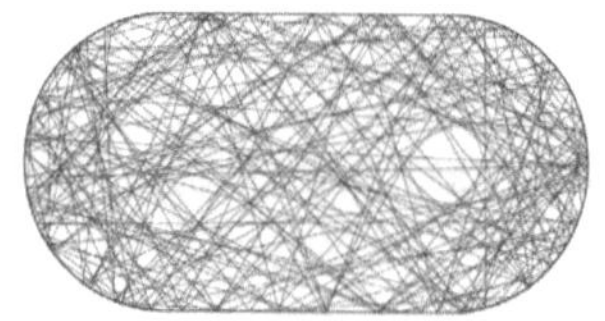

La dinámica del billar circular con una partícula puntual rebotando es integrable y sirve, por ejemplo, para modelar el comportamiento del campo electromagnético en resonadores tales como cavidades ópticas o de microondas. Si se abren rendijas en el perímetro, de modo que la bola tenga cierta probabilidad de escapar del billar, tenemos una tasa de disipación y el problema adquiere mayor interés. Por supuesto, la probabilidad depende de la ratio entre el tamaño de las aperturas y el del perímetro.

La conexión con los números primos viene a través de los ángulos en las trayectorias según un módulo $2\pi/n$. Bunimovich y Detteman demostraron que para un billar circular con dos aperturas separadas por 0, 60, 90, 120 o 180° la probabilidad está únicamente determinada por el polo y los ceros no triviales de la función zeta [52]. La suma total se puede determinar explícitamente y comporta términos que pueden conectarse con las series armónicas de Fourier y las series hipergeométricas. Desconozco si esto puede extenderse a contornos elípticos, que también son integrables. Es al pasar del contorno circular a contornos deformados como el del estadio que el sistema deja de ser integrable y se torna caótico, requiriendo un operador de evolución.

Los billares dinámicos tienen múltiples aplicaciones en física y se usan como ejemplo paradigmático de los sistemas conservativos y la mecánica hamiltoniana; sin embargo el "escape" que se permite a las partículas no es otra cosa que una tasa de disipación, y de la forma más explícita posible. Por lo tanto, nuestra idea inicial de que la zeta debería tener vigencia en sistemas termomecánicos irreversibles a un nivel fundamental es bien fácil de entender —es la mecánica hamiltoniana la que pide la excepción para empezar. Puesto que se asume que la física fundamental es conservativa, se buscan sistemas cerrados "un poco abiertos", cuando, según nuestro punto de vista, lo que tenemos siempre es sistemas abiertos parcialmente cerrados. Y según nuestra interpretación, hemos entendido la cuestión al revés: un sistema es reversible *porque* es abierto, y es irreversible en la medida en que deviene cerrado.

Pasando a otro orden de cosas, el aspecto más evidente del electromagnetismo es la luz y el color. Goethe decía que el color era el fenómeno fronterizo entre la sombra y la luz, en esa incierta región a la que llamamos penumbra. Por supuesto lo suyo no era una teoría física, sino una fenomenología, lo que no sólo no le quita valor sino que se lo añade. La teoría del espacio del color de Schrödinger de 1920, basada en argumentos de geometría afín aunque con una métrica riemaniana, se encuentra a mitad de camino entre la percepción y la cuantificación y puede servirnos, con algunas mejoras introducidas posteriormente, para acercar visiones que parecen totalmente inconexas. Mazilu muestra que también aquí pueden obtenerse matrices semejantes a las que surgen de las interacciones de campo [53].

Ni que decir tiene que a Goethe se le objetó que su concepto de polaridad entre luz y oscuridad, a diferencia de la firmemente establecida polaridad de carga eléctrica, no estaba justificado por nada, pero nosotros creemos que es justamente lo contrario. Lo único que existen son gradientes; la luz y la sombra pueden crearlos, una carga que es sólo un signo + o — adscrito a un punto, no. El color está dentro de la luz-oscuridad como la luz-oscuridad está dentro del espacio-materia.

Se dice por ejemplo que la función zeta de Riemann podría jugar el mismo papel para los sistemas cuánticos caóticos que el oscilador armónico para los sistemas cuánticos integrables. ¿Pero se sabe todo del oscilador armónico? Ni mucho menos, ya vemos lo que ocurre con la fibración de Hopf o el mismo monopolo. Por otra parte, sabido es que la primera aparición de la zeta en la física es con la fórmula de radiación de cuerpo negro de Planck, donde entra en el cálculo de la energía promedio de lo que luego se llamaría "fotón".

La interpretación física de la función zeta siempre obliga a plantearse las correspondencias entre la mecánica cuántica y la clásica. Por tanto, un problema casi tan intrigante como éste tendría que ser encontrar una contraparte clásica del espectro descrito por la ley de Planck; sin embargo las tendencias dominantes no parecen interesadas en encontrar una respuesta para esto. Mazilu, otra vez, nos recuerda el descubrimiento por Irwin Priest en 1919, de una sencilla y enigmática transformación bajo la cual la fórmula de Planck rinde una distribución gaussiana o normal con un ajuste exquisito a lo largo de todo el espectro [54].

En realidad el tema de la correspondencia entre la mecánica cuántica y la clásica es incomparablemente más relevante a nivel práctico y tecnológico que el de la función zeta. Y en cuanto a la teoría, tampoco existe ningún tipo de aclaración por parte de la mecánica cuántica sobre dónde se encontraría la zona de transición. Probablemente haya buenos motivos para que este campo reciba aparentemente tan poca atención. Sin embargo es altamente probable que la función zeta de Riemann conecte de manera inesperada distintos dominios de la física, lo que hace de ella un objeto matemático de un calado incomparable.

La cuestión es que no existe una interpretación para la raíz cúbica de la frecuencia de la transformación de Priest. Refiriéndose a la radiación cósmica de fondo, "y tal vez a la radiación térmica en general", Mazilu no deja de hacer sus conjeturas para terminar con esta observación: "debería hacerse mención de que tal resultado bien podría ser específico de la forma en que las medidas de la radiación se hacen habitualmente, a saber, mediante un bolómetro". Dejando a un lado esta transformación, se han propuesto diversas maneras más o o menos directas de derivar la ley de Planck de supuestos clásicos, desde la que sugiere Noskov partiendo de la electrodinámica de Weber a la de C. K. Thornhill [55]. Thornhill propuso una teoría cinética de la radiación electromagnética con un éter gaseoso compuesto por una variedad infinita de partículas, de manera que la frecuencia de las ondas electromagnéticas se correlaciona con la energía por unidad de masa de las partículas en lugar de sólo la energía, obteniendo la distribución de Planck de una forma mucho más simple.

La explicación estadística de la ley de Plank ya la conocemos, pero la transformación gaussiana de Priest demanda una explicación física para una estadística clásica. Mazilu hace mención expresa del dispositivo de medición empleado, en este caso el bolómetro, basado en un elemento de absorción —se dice que la función zeta de Riemann se corresponde con un espectro de absorción, no de emisión. Si hoy se emplean metamateriales para "ilustrar" variaciones del espacio tiempo y los agujeros negros —donde también se usa la función zeta para regularizar los cálculos-, con más razón y mucho más fundamento físico y teórico se podrían utilizar para estudiar variantes del espectro de absorción para poder reconstruir la razón por una suerte de ingeniería inversa. El enigma de la fórmula de Priest podría abordarse desde un punto de vista tanto teórico como práctico y constructivo —aunque también la explicación que se da del rendimiento de los metamateriales es más que discutible y habría que purgarla de numerosas asunciones.

Por supuesto para cuando Priest publicó su artículo la idea de cuantización ya tenía ganada la batalla. Su trabajo cayó en el olvido y del autor apenas se recuerda más que su dedicación a la colorimetría, en la que estableció un criterio de temperaturas recíprocas para la diferencia mínima en la percepción de colores [56]; se trata de temperaturas perceptivas, naturalmente, no físicas; la correspondencia entre temperaturas y colores no parece que pueda establecerse jamás. Si existe un álgebra elemental aditiva y sustractiva de los colores, también debe haber un álgebra producto, seguramente relacionada con su percepción. Esto hace pensar en la llamada *línea de púrpuras* no espectrales entre los extremos rojo y violeta del espectro, cuya percepción está limitada por la función de luminosidad. Con la debida correspondencia esto podría prestarse a una hermosa analogía que el lector puede intentar adivinar.

Por otra parte conviene no olvidar que la constante de Planck no tiene nada que ver con la incertidumbre en la energía de un fotón, aunque hoy sea una costumbre asociarlos [57]. Las vibraciones longitudinales en el interior de los cuerpos en movimiento de

Noskov recuerdan de inmediato el concepto de *zitterbewegung* o "movimiento trémulo" introducido por Schrödinger para interpretar la interferencia de energía positiva y negativa en la ecuación relativista del electrón de Dirac. Schrödinger y Dirac concibieron este movimiento como "una circulación de carga" que generaba el momento magnético del electrón. La frecuencia de la rotación del zbw sería del orden de los 10^{21} hertzios, demasiado elevada para la detección salvo por resonancias.

David Hestenes ha analizado diversos aspectos del *zitter* en su modelo de la mecánica cuántica como autointeracción. P. Catillon et al. hicieron un experimento de canalización de electrones en un cristal en el 2008 para confirmar la hipótesis del reloj interno al electrón de de Broglie. La resonancia detectada experimentalmente es muy próxima a la frecuencia de de Broglie, que es la mitad de la frecuencia del *zitter;* el periodo de de Broglie estaría directamente asociado a la masa, tal como se ha sugerido recientemente. Existen diversos modelos hipotéticos para crear resonancias con el electrón reproduciendo la función zeta en cavidades y billares dinámicos como el de Artin, pero no suelen asociarse con el *zitter* ni con el reloj interno de de Broglie, puesto que este experimento no encuentra acomodo en la versión convencional de la mecánica cuántica. Por otro lado sería recomendable considerar una energía de punto cero totalmente clásica como puede seguirse del trabajo de Planck y sus continuadores en la electrodinámica estocástica, aunque todos estos modelos se basen en partículas puntuales. [58].

La matemática, se dice, es la reina de las ciencias, y la aritmética la reina de la matemática. El teorema fundamental de la aritmética pone en el centro a los números primos, cuyo producto permite generar todos los números enteros mayores que 1. El mayor problema de los números primos es su distribución, y la mejor aproximación a su distribución proviene de la función zeta de Riemann. Esta a su vez tiene un aspecto crítico, que es justamente averiguar si todos los ceros no triviales de la función yacen en la línea crítica. El tiempo y la competencia entre matemáticos ha agigantado la tarea de demostrar la hipótesis de Riemann, el K-1 de la matemática, que comportaría una especie de lucha del hombre contra el infinito.

William Clifford dijo que la geometría era la madre de todas las ciencias, y que uno debería entrar en ella agachado igual que los niños; parece por el contrario que la aritmética nos hace más altivos, porque no necesitamos mirar hacia abajo para contar. Y eso, mirar hacia abajo y hacia lo más elemental, sería lo mejor para la comprensión de este tema, olvidándose de la hipótesis tanto como fuera posible. Naturalmente, esto también podría decirse de innumerables cuestiones donde el sobreuso de la matemática crea un contexto demasiado enrarecido, pero al menos aquí se admite una falla básica en la comprensión, y en otras partes eso no parece importar demasiado.

Cabe decir que hay dos formas básicas de entender la función zeta de Riemann: como un problema que nos plantea el infinito o un problema que nos plantea la unidad. Hasta ahora la ciencia moderna, impulsada por la historia del cálculo, se ha ocupado mucho más del primer aspecto que del segundo, a pesar de que ambos estén unidos de manera indisociable.

Se dice que si se encontrara un cero fuera de la línea crítica —si la hipótesis de Riemann resultara falsa-, eso provocaría estragos en la teoría de los números. Pero si los primeros ceros que ya evaluó el matemático alemán están bien calculados, la hipótesis puede darse prácticamente por cierta, sin necesidad de calcular más trillones o cuatrillones de ellos. En realidad, y al hilo de lo dicho en el capítulo anterior, parece mucho más probable encontrar fallos en los fundamentos del cálculo y sus resultados que encontrar ceros fuera de la línea, y además el saludable caos creativo que produciría seguro que no quedaría confinado a una rama de las matemáticas.

Naturalmente, esto cabe aplicarlo al cálculo de la propia función zeta. Si el cálculo simplificado de Mathis, usando un criterio unitario de intervalo, encuentra divergencias incluso para los valores de la función logarítmica elemental, estas divergencias tendrían que ser mucho más importantes en un cálculo tan complicado como el de esta función especial. Y en cualquier caso nos brinda un criterio diferente en la evaluación de la función. Más aún, este nuevo criterio podría revelar si ciertas divergencias y términos de error se cancelan.

Los abogados del diablo en este caso no habrían hecho todavía la parte más importante de su trabajo. Por otra parte, también se han calculado derivadas fraccionales de esta función que permiten ver dónde convergen la parte real y la imaginaria; esto tiene interés tanto para el análisis complejo como para la física. De hecho se sabe que en los modelos físicos la evolución del sistema con respecto al polo y los ceros suele depender de la dimensión, que en muchos casos es fraccionaria o fractal, o incluso multi-fractal para los potenciales asociados con los números mismos.

La aritmética y el acto de contar existen primariamente en el dominio tiempo, y hay buenas razones para pensar que los métodos basados en diferencias finitas tendrían que tener preferencia al tratar de cambios en el dominio temporal —puesto que con infinitesimales se disuelve el acto de contar. El análisis fraccional de la función también debería estar referido a las secuencias temporales. Finalmente, la relación entre variables discretas y continuas característica de la mecánica cuántica también tendría que pasar por los métodos de diferencias finitas.

La física cuántica pude describirse de una forma más intuitiva con una combinación de álgebra geométrica y cálculo fraccional para los casos que contienen dominios intermedios. De hecho los dominios intermedios pueden ser mucho más numerosos de lo que creemos si se tiene en cuenta tanto la asignación mezclada de variables en la dinámica orbital como las diferentes escalas a las que pueden tener lugar ondas y vórtices entre el campo y las partículas en una perspectiva diferente como la de Venis. La misma autointeracción del *zitterbewegung* reclama todavía de una concreción mucho mayor de la lograda hasta ahora. Este movimiento permite, entre otras cosas, una traducción más directamente geométrica, e incluso clásica, de los aspectos no conmutativos de la mecánica cuántica, que a su vez permiten una conexión natural clave entre variables discretas y continuas.

Michel Riguidel somete a la función zeta a un trabajo intensivo de interacción para buscar un acercamiento morfogenético. Sería excelente si la potencia de cómputo de los ordenadores pudiera usarse para refinar nuestra intuición, interpretación y reflexión, en vez de lo contrario. Sin embargo aquí es fácil presentar dos grandes objeciones. Primero, la enorme plasticidad de la función, que aun siendo completamente diferenciable, según el teorema de universalidad de Voronin contiene cualquier cantidad de información un número infinito de veces.

La segunda objeción es que si ya la función tiene una enorme plasticidad, y por otro lado los gráficos sólo representan en todo momento aspectos muy parciales de la función, las deformaciones y transformaciones, por más evocadoras que puedan ser, aún introducen nuevos grados de arbitrariedad. Se puede transformar el logaritmo en una espiral a mitad de camino entre la línea y el círculo, y crear ondas espirales y qué no, pero no dejan de ser representaciones. El interés, en todo caso, está en la interacción función-sujeto-representación —la interacción entre herramientas matemáticas, conceptuales y de representación.

Pero no se necesitan más enrevesados conceptos. El mayor obstáculo para profundizar en este tema, como en tantos otros, reside en la frontal oposición a revisar los fundamentos del cálculo, la mecánica clásica y la cuántica. Por otro lado, cuanto más complejos sean los argumentos para demostrar o refutar la hipótesis, menos importancia puede tener el resultado para el mundo real, sea cierta o falsa.

Suele decirse que el significado de la hipótesis de Riemann es que los números primos tienen una distribución tan aleatoria como es posible, lo que por supuesto deja totalmente abierto cuánto azar es posible. Tal vez no tengamos más remedio que hablar de azar aparente.

Pero aún así, ahí lo tenemos: el máximo grado de azar aparente en una simple secuencia lineal generalizable a cualquier dimensión esconde una estructura ordenada de una insondable riqueza.

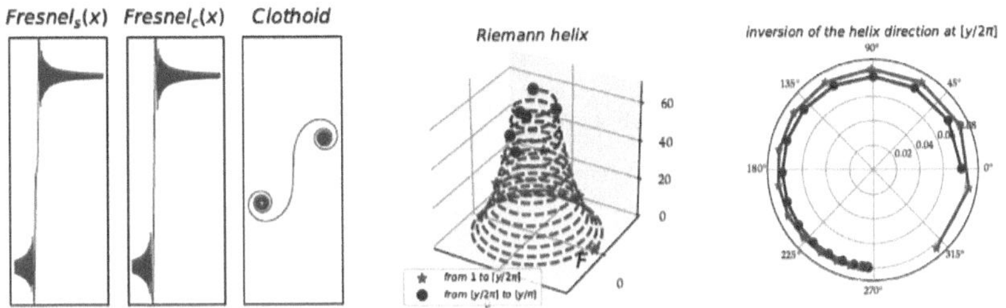

Michel Riguidel: *Morphogenesis of the Zeta Function in the Critical Strip by Computational Approach*

*

Volvamos ahora al aspecto cualitativo de la polaridad y a la problemática relación con el dominio cuantitativo. Pero no sólo la relación entre lo cualitativo y lo cuantitativo es problemática, sino que la misma interpretación cualitativa plantea un interrogante básico, que inevitablemente remite a las conexiones cuantitativas.

Para Venis todo puede explicarse con el yin y el yang, que él ve en términos de expansión y contracción, y de una dimensión más alta o una dimensión más baja. Aunque su interpretación ahonda mucho la posibilidad de conexión con la física y la matemática, supone una asunción básica de la acepción del yin y el yang del filósofo práctico japonés George Ohsawa. Se suele afirmar repetidamente que en la tradición china, el yin se relaciona básicamente con la contracción y el yang con la expansión. Venis conjetura que la interpretación china puede ser más metafísica y la de Ohsawa más física; y en otra ocasión opina que la primera podría estar más relacionada con los procesos microcíclicos de la materia y la segunda con los procesos mesocíclicos más propios de nuestra escala de observación, pero ambas consideraciones parecen bastante divergentes.

[117]

Cuesta creer que sin resolver estas diferencias tan básicas puedan alguna vez aplicarse estas categorías a aspectos cuantitativos, aunque aún puede hablarse de contracción y expansión, con y sin relación a las dimensiones. Pero por otro lado, cualquier reducción de categorías tan vastas y llenas de matices a meras relaciones lineales con coeficientes de aspectos aislados como "expansión" o "contracción" corre el peligro de convertirse en una enorme simplificación que anula precisamente el valor de lo cualitativo para apreciar grados y matices.

La lectura que Venis hace no es en absoluto superficial, y por el contrario es fácil ver que lo que hace es darle una dimensión mucho más amplia a estos términos, y nunca mejor dicho. Su extrapolación a aspectos como el calor y el color puede parecer falta de la deseable justificación cuantitativa y teórica, pero en cualquier caso son lógicas y consecuentes con su visión general y están abiertas a la profundización del tema. Sin embargo el radical desacuerdo en la cualificación más básica ya es todo un desafío para la interpretación.

Habría que decir para empezar que la versión china no puede reducirse de ningún modo al entendimiento del yin y el yang como contracción y expansión, ni tampoco a ningún par de opuestos conceptuales con exclusión de los demás. Contracción y expansión son sólo uno entre los muchos posibles, y aun siendo muy empleado, depende enteramente, como cualquier otro par, del contexto. Tal vez la acepción más común sea la de "lleno" y "vacío", que por otra parte no deja de estar íntimamente ligada a la contracción y la expansión, aunque no sean ni mucho menos idénticos. O también, según el contexto, la tendencia a llenarse o a vaciarse; no es por nada que se distinga muy a menudo entre yang viejo y joven, y lo mismo para el yin. Estos puntos de espontánea inversión potencial también están expresados en el *Taijitu,* puesto que la inversión espontánea es el camino del Tao.

Por otra parte, cualidades como lo lleno y lo vacío no sólo tienen un significado claro en términos diferenciales y de las teorías de campos, la hidrodinámica o aun la termodinámica, sino que también tienen un sentido inmediato, aunque mucho más difuso, para nuestro sentido interno, o cenestesia, que es justamente el sentido común o sensorio común, que es justamente nuestra sensación indiferenciada anterior al impreciso "corte sensorial" que parece generar el campo de nuestros cinco sentidos. Esta cenestesia o sentido interno también incluye la cinestesia, nuestra percepción inmediata del movimiento y nuestra autopercepción, que puede ser tanto del cuerpo como de la misma conciencia.

Este sentido interno o sensorio es sólo otra forma de hablar del medio homogéneo e indiviso que ya somos, y es a él que se refiere siempre la percepción mediada por cualquiera de los sentidos. Y cualquier tipo de conocimiento intuitivo o cualitativo toma eso como referencia, que evidentemente va más allá de cualquier criterio racional o sensorial de discernimiento. Y a la inversa, podría decirse que ese trasfondo se obvia en el pensamiento formal pero se lo supone en el conocimiento intuitivo. Los físicos hablan a menudo de que un resultado es "contraintuitivo" sólo en el sentido de que va contra lo esperado o el conocimiento adquirido, no contra la intuición, que en vano querríamos definir.

Sería con todo absurdo decir que lo cualitativo y lo cuantitativo son esferas completamente separadas. Las matemáticas son cualitativas y cuantitativas por igual. Se habla de ramas más cualitativas, como la topología, y ramas más cuantitativas como la aritmética o el cálculo, pero una inspección más atenta revela que eso apenas tiene sentido. La morfología de Venis está totalmente basada en la idea de flujo y en nociones tan elementales como puntos de equilibrio y puntos de inversión. El mismo Newton llamó a su cálculo "método de fluxiones", de cantidades en flujo continuo, y los métodos para evaluar curvas se basan en la identificación de puntos de inflexión. De modo que hay una compatibilidad que no sólo no es forzada sino que es verdaderamente natural; que la ciencia moderna haya avanzado en dirección contraria hacia la abstracción creciente, lo que a su vez es el justo contrapeso a su utilitarismo, es ya otra historia.

Polaridad y dualidad son cosas bien diferentes pero conviene percibir sus relaciones antes de que se introdujera la convención de la carga eléctrica. La referencia aquí no puede dejar de ser la teoría electromagnética, que es la teoría básica sobre la luz y la materia, y en buena medida también sobre el espacio y la materia.

Evidentemente, sería totalmente absurdo decir que una carga positiva es yang y una carga negativa es yin, puesto que entre ambos sólo hay un cambio de signo arbitrario. En el caso de un electrón o protón ya intervienen otros factores, como el hecho de que uno es mucho menos masivo que el otro, o que uno se encuentra en la periferia y el otro en el centro del átomo. Pongamos otro ejemplo. A nivel biológico y psicológico, vivimos entre la tensión y la presión, grandes condicionantes de nuestra forma de percibir las cosas. Pero sería absurdo también que uno u otro son yin o yang en la medida en que entendamos la tensión sólo como una presión negativa. Dicho de otro modo, los meros cambios de signo nos parecen enteramente triviales; pero se hacen mucho más interesantes cualitativa y cuantitativamente cuando comportan otras transformaciones.

Que todo sea trivial o nada lo sea, depende sólo de nuestro conocimiento y atención; un conocimiento superficial puede presentarnos como triviales cosas que en absoluto lo son y están llenas de contenido. La polaridad de la carga puede parecer trivial, lo mismo que la dualidad de la electricidad y el magnetismo, o la relación entre la energía cinética y potencial. En realidad ninguna de ellas es en absoluto trivial ni siquiera tomada por separado, pero cuando intentamos verlo todo junto tenemos ya un álgebra espacio-temporal con una enorme riqueza de variantes.

En el caso de la presión y la tensión, la transformación relevante es la deformación aparente de un material. Las variaciones de presión-tensión-deformación son, por ejemplo, las que definen las propiedades del pulso, ya sea en la pulsología de las medicinas tradicionales china o india como en el moderno análisis cuantitativo del pulso; pero eso también nos lleva a las relaciones tensión-deformación que define a la ley constitutiva en la ciencia de materiales. Las relaciones constitutivas, por otro lado, son el aspecto complementario de las ecuaciones del campo electromagnético de Maxwell que nos dicen cómo éste interactúa con la materia.

Se dice normalmente que electricidad y magnetismo, que se miden con unidades con dimensiones diferentes, son la expresión dual de una misma fuerza. Como ya hemos señalado, esta dualidad implica la relación espacio-materia, tanto para las ondas como para lo que se supone que es el soporte material de la polaridad eléctrica y magnética; de hecho, y sin entrar en más detalles, esta parece ser la distinción fundamental.

Todas las teorías de campos gauge pueden expresarse por fuerzas y potenciales pero también por variaciones de presión-tensión-deformación que en cualquier caso comportan un feedback. Y hay un feedback porque hay un balance global primero, y sólo luego uno local. Estas relaciones están presentes en la ley de Weber, sólo que en ella lo que se "deforma" es la fuerza en lugar de la materia. La gran virtud de la teoría de Maxwell es hacer explícita la dualidad entre electricidad y magnetismo que se oculta en la ecuación de Weber. Pero hay que insistir, con Nicolae Mazilu, que la esencia de la teoría gauge se puede encontrar ya en el problema de Kepler.

Ya vimos que relaciones constitutivas como la permitividad y la permeabilidad con sus magnitudes respectivas no pueden darse en el espacio vacío, por lo que sólo pueden ser un promedio estadístico de lo que ocurre en la materia y lo que ocurre en el espacio. La materia puede soportar tensión sin exhibir deformación, y el espacio puede deformarse sin tensión —esto está en paralelo con las signaturas básicas de la electricidad y el magnetismo, que son la tensión y la deformación. Deformación y tensión no son yin ni yang, pero ceder fácilmente a la deformación sí es yin, y soportar la tensión sin deformación es yang —al menos por lo que respecta al aspecto material. Entre ambos tiene que haber por supuesto todo un espectro continuo, a menudo interferido por otras consideraciones.

Sin embargo, desde el punto de vista del espacio, al que no accedemos directamente sino por la mediación de la luz, la consideración puede ser opuesta: la expansión sin coacción sería yang puro, mientras que la contracción puede ser una reacción de la materia ante la expansión del espacio, o de las radiaciones que lo atraviesan. Las mismas radiaciones u ondas son una forma alterna intermedia entre la contracción y la expansión, entre la materia y el espacio, que no pueden existir por separado. Con todo una deformación es un concepto puramente geométrico, mientras que una tensión o una fuerza no, siendo aquí donde empieza el dominio de la física propiamente dicha.

Sin embargo, desde el punto de vista del espacio, al que no accedemos directamente sino por la mediación de la luz, la consideración puede ser opuesta: la expansión sin coacción sería yang puro, mientras que la contracción puede ser una reacción de la materia ante la expansión del espacio, o de las radiaciones que lo atraviesan. Las mismas radiaciones u ondas son una forma alterna intermedia entre la contracción y la expansión, entre la materia y el espacio, que no pueden existir por separado. Con todo una deformación es un concepto puramente geométrico, mientras que una tensión o una fuerza no, siendo aquí donde empieza el dominio de la física propiamente dicha.

Tal vez así pueda vislumbrarse un criterio para conciliar ambas interpretaciones, no sin una atención cuidadosa al cuadro general del que forman parte; cada una puede tener su rango de aplicación, pero no pueden estar totalmente separadas.

Es ley del pensamiento que los conceptos aparezcan como pares de opuestos, habiendo una infinidad de ellos; encontrar su pertinencia en la naturaleza es ya otra cosa, y el problema parece hacerse insoluble cuando las ciencias cuantitativas introducen sus propios conceptos que también están sujetos a las antinomias pero de un orden a menudo muy diferente y desde luego mucho más especializado. Sin embargo la atención simultánea al conjunto y a los detalles hacen de esto una tarea que está lejos de ser imposible.

A menudo se ha hablado de holismo y reduccionismo para las ciencias pero hay que recordar que ninguna ciencia, empezando por la física, ha podido ser descrita en términos rigurosamente mecánicos. Los físicos se quedan con la aplicación local de los campos gauge, pero el mismo concepto del lagrangiano es integral o global, no local. Lo que sorprende es que aún no se haya aprovechado este carácter global en campos como la medicina, la biofísica o la biomecánica.

Partiendo de estos aspectos globales de la física es mucho más viable una conexión genuina y con sentido entre lo cualitativo y lo cuantitativo. La concepción del yin y el yang es sólo una de las muchas lecturas cualitativas que el hombre ha hecho de la naturaleza, pero aun teniendo en cuenta el carácter sumamente fluido de este tipo de distinciones no es difícil establecer las correspondencias. Por ejemplo, con las tres gunas del Samkya o los cuatro elementos y los cuatro humores de la tradición occidental, en que el fuego y el agua son los elementos extremos y el aire y la tierra los intermedios; también estos pueden verse en términos de contracción y expansión, o de presión, tensión y deformación.

Y por supuesto la idea de equilibrio tampoco es privativa de la concepción china, puesto que la misma cruz y el cuaternario han tenido siempre una connotación de equilibrio totalmente elemental y de carácter universal. Es más bien en la ciencia moderna que el equilibrio deja de tener un lugar central, a pesar de que tampoco en ella puede dejar de ser omnipresente, como lo es en el mismo razonamiento, la lógica y el álgebra. La misma posibilidad de contacto entre el conocimiento cuantitativo y cualitativo depende tanto de la ubicación que demos al concepto de equilibrio como de la apreciación del contexto y los rasgos genuinamente globales de lo que llamamos mecánica.

A diferencia de los conceptos científicos acostumbrados, que tienden inevitablemente a hacerse más detallados y a especializarse, nociones como el yin y el yang son ideas de la máxima generalidad, índices a identificar en los más concretos contextos; si queremos definirlas demasiado pierden la generalidad que les de su valor como guía intuitiva. Pero también las ideas más generales de la física han estado sujetas a constante evolución y modificación en función del contexto, y no hay más que ver las continuas transformaciones de conceptos cuantitativos como fuerza, energía o entropía, por no hablar de cuestiones como el criterio y rango de aplicación de los tres principios de la mecánica clásica.

Los vórtices pueden expresarse en el elegante lenguaje del continuo, de las compactas formas diferenciales exteriores o del álgebra geométrica; pero los vórtices hablan sobre todo con un lenguaje muy semejante al de nuestra propia imaginación y la plástica imaginación de la naturaleza. Por eso, cuando observamos la secuencia de Venis y sus variaciones, sabemos que nos encontramos en un terreno intermedio, pero genuino, entre la física matemática y la biología. Tanto en una como en otra la forma sigue a la función, pero en la ingeniería inversa de la naturaleza que toda ciencia humana es, la función debería seguir a la forma hasta las últimas consecuencias.

Venis habla repetidamente incluso de un equilibrio dimensional, es decir, un equilibrio entre las dimensiones entre las que se sitúa la evolución de un vórtice. Este amplía mucho el alcance del equilibrio pero hace más difícil contrastarlo. El cálculo fraccional tendría que ser clave para seguir esta evolución a través de los dominios intermedios entre dimensiones, pero esto también plantea aspectos interesantes para la medida experimental.

Cómo puedan interpretarse las dimensiones superiores a tres es siempre una cuestión abierta. Si en lugar de pensar en la materia como moviéndose en un espacio pasivo, pensamos en la materia como aquellas porciones a las que el espacio no tiene acceso, la misma materia partiría de una dimensión cero o puntual. Entonces las seis dimensiones de la evolución de los vórtices formarían un ciclo desde la emisión de luz por la materia al repliegue del espacio y la luz en la materia otra vez —y las tres dimensiones adicionales sólo serían el proceso en el sentido inverso, y desde una óptica inversa, lo que hace que se evite la repetición.

Es sólo una forma de ver algunos aspectos de la secuencia entre las muchas posibles, y el tema merece un estudio mucho más detallado que el que podemos dedicarle aquí. Una cosa es buscar algún tipo de simetría, debe haber muchos más tipos de vórtices de los que conocemos ahora, sin contar con las diferentes escalas en que pueden darse y las múltiples metamorfosis. Sólo en el trabajo de Venis puede encontrarse la debida introducción a estas cuestiones. Para Venis, aunque no haya manera de demostrarlo, el número de dimensiones es seguramente infinito. Un indicio de ello sería el número mínimo de meridianos necesarios para crear un vórtice, que aumenta exponencialmente con el numero de dimensiones y que el autor asocia con la serie de Fibonacci.

Puede hablarse de polaridad siempre que se aprecie una capacidad de autorregulación. Es decir, no cuando simplemente se cuenta con fuerzas aparentemente antagónicas, sino cuando no podemos dejar de advertir un principio por encima de ellas —o una unidad subyacente, si se prefiere. Esa capacidad ha existido siempre desde el problema de Kepler, y es bien revelador que la ciencia no haya acertado a reconocerlo. La fuerza de Newton no es polar, la fuerza de Weber sí, pero el problema de los dos cuerpos exhibe una dinámica polar en cualquier caso. De hecho llamar "mecánica" a la evolución de los cuerpos celestes es sólo una racionalización, y en realidad no tenemos una explicación mecánica de nada cuando se habla de fuerzas fundamentales, ni probablemente podemos tenerla. Sólo cuando advertimos el principio regulador podemos usar el término *dinámica* haciendo honor a la intención original aún presente en tal nombre.

11. El tiempo y el reloj

Péndulos, círculos, ondas, vórtices, electrones, elipses, espirales… ¿Qué clase de "reloj" podría construirse con todo esto? O mejor todavía, ¿qué clase de "tiempo" estaría midiendo, contando, o calculando? Y además, ¿lo estaría calculando, o más bien señalando?

Hablar del tercer principio en dinámica es hablar del concepto mismo de reciprocidad —dentro de sistemas cerrados. La reciprocidad de los sistemas de referencia relativistas es puramente matemática, puesto que no está ligada a la masa de ninguna partícula—pero lo mismo ocurre con las fuerzas en las elipses según Newton.

La simultaneidad relativista, incluso el determinismo local de la mecánica cuántica, se insertan en el supuesto básico newtoniano del *sincronizador global*, el tiempo absoluto en el que el tercer principio no tiene lugar de forma secuencial sino simultánea. Pero el mismo vórtice del experimento del cubo del propio Newton, como nota Pinheiro, niega ese tiempo absoluto de la forma más convincente y categórica —y no sólo para el instinto, siempre más fuerte que la metafísica. La lectura termomecánica permite obtener más información, además de otro tipo de indicación. Y ese mismo vórtice es ya otro modelo de reloj, completamente diferente, que hemos de aprender a contemplar —si es que para contemplar algo, en este nuestro mundo artificial, hemos de empezar por poder de algún modo reproducirlo.

Nuestro punto de vista aquí es el mismo que el Pinheiro y otros autores [59]. Diversos argumentos y cálculos numéricos indican que el tercer principio no es aplicable a sistemas fuera de equilibrio; y si es aplicable, sólo puede serlo en el sentido de los potenciales retardados. Es decir, damos por supuesto que incluso las órbitas órbitas celestes están siempre fuera de equilibrio y que sólo lo alcanzan instantáneamente gracias a un término adicional que representa la acción del medio sobre la materia; este término puede ser entrópico, o responder a una vibración longitudinal, o un bombardeo constante por otras partículas.

En mecánica cuántica, que se supone que es la teoría fundamental, las fuerzas pasan a ser secundarias con respecto al potencial; sin embargo seguimos entendiéndolo todo según la lógica de los tres principios, incluso tras la generalización relativista del principio de equivalencia.

Pero el giro decisivo ya había tenido lugar cuando el potencial pasa, de ser una mera posición, a tener un componente temporal irreductible. Para la mecánica relacional de Weber que surgió a mitad de camino entre la clásica y la cuántica no tiene sentido separar el componente dinámico del estado del sistema, ni las fuerzas del entorno en el que se presentan. La aplicación rigurosa del principio de equilibrio dinámico también hacía improcedente esta distinción, como lo hacía al principio de equivalencia, puesto que también la inercia es irrelevante.

Si en virtud del principio de equilibrio dinámico prescindimos del concepto de inercia, prescindimos también de la intencionalidad subyacente a la mecánica, su *dispositio*. El Sincronizador Global, tan perfectamente intangible, es el símbolo supremo de poder en el presente ciclo civilizatorio. Es inatacable por lo metafísico, pero suprime o en todo caso vuelve irreconocible el intercambio local de información del sistema abierto y su interacción con el medio.

Se ha dicho que después de Newton el universo pasó de respirar como una madre a hacer tic tac como un reloj; todavía estamos a tiempo de devolverle el aliento a su cuerpo.

12. Tao de la Tecnociencia

Los caminos en el continuo ciencia-tecnología pueden ser innumerables pero todos presuponen una reciprocidad *potencial* entre conocimiento y aplicación —luego entre conocimiento y poder. Y sin embargo aún no tenemos la menor idea de qué clase de círculo cierran conocimiento y poder sobre nosotros.La mecánica celeste de Newton parecía inicialmente muy alejada de los asuntos mundanos pero la generalización no justificada de sus principios a cosas muy alejadas de los artefactos humanos tuvo el efecto de convertir al mundo en una máquina que rodaba sin que se le vieran las ruedas.

La sociedad se ha ido dando forma a sí misma en la medida en que se aislaba de la naturaleza pero no puede subsistir sin un intercambio o comercio con ella que a su vez depende de nuestro conocimiento de ella. Cualquier relación de dominio sobre la naturaleza se reproduce al interior de la sociedad, entre unas partes que ejercen el control y otras que lo padecen.

El sistema solar ligado por la gravedad, o la función del corazón en la circulación, se han visto como gobernados sin más por el concepto de fuerza en nuestra presente cosmovisión. Desde mitad de siglo XX la teoría de la estabilidad y la cibernética han desarrollado una teoría del control sobre esas mismas pretendidas "fuerzas ciegas", generalizando una versión de la entropía que ya de por sí estaba muy alejada de su contexto termodinámico original. Habría que ver cómo evoluciona la teoría del control si se asume la regulación espontánea en los principios dinámicos de acción, en la Segunda Ley y en la resonancia colectiva entre elementos; así como en la relación entre estos tres aspectos.

La superación del reduccionismo de ningún modo puede pasar por las correcciones de última hora que pretenden compensar grados crecientes de abstracción con grados también crecientes de subjetividad en nombre de la inclusión del observador, ya sea en la mecánica estadística, la mecánica cuántica o la relatividad; pasa en todo caso por corregir las lagunas de la posición fundacional, que hasta ahora permanece inafectada.

Pero la reciprocidad entre el hombre y la naturaleza llega mucho más lejos de todo cuanto sospechamos, y no puede ser abarcada por un mero giro teórico, por amplio o profundo que parezca. No se trata de buscar una naturaleza externa idealizada a la que retornar, pues también todo lo que está atrapado en el ser humano es naturaleza.

No sabemos ni tal vez queremos prescindir de las máquinas. ¿Podemos cambiar nuestra relación con ellas? También las máquinas son naturaleza atrapada, comprimida y moldeada; y mientras se nos fuerza a depender de ellas se nos entrena rutinariamente para la obediencia. Recojo ahora algunos párrafos de un tema que traté más extensamente en *La tecnociencia y el laboratorio del yo*.

El principio de Vico, que afirma que sólo comprendemos lo que hacemos, es más general que el de Descartes. Aunque seguramente también se puede dudar del principio de Vico. Sé mover mi mano, pero ¿sé cómo es que muevo mi mano? De segunda mano, por así decir, no de primera. Por supuesto hacer no es producir, salvo en el pensar, y producimos máquinas para no hacer cosas directamente, y para no directamente pensar. Podemos tratar entonces de introducir en el ámbito del saber-poder el principio de Vico debidamente reformado: sólo comprendo aquello en lo que participo, y en la medida en que participo.

No es por el cálculo, sino por las artes prácticas, que mejor conocemos el mundo. El mismo concepto de eficiencia, como economía de esfuerzo o elegancia, era una noción natural en el arte de todas las culturas antes de que las técnicas fueran invadidas por una montaña apilada de mediaciones científicas; habría que sacarla del fondo de la pila. Existe un sentido natural de la eficiencia en cualquier actividad física, en la entonación justa, en cualquier gesto o pincelada.

Para pasar de un ámbito al otro, del funcional regido por el cálculo al funcional intuitivo, pensemos por ejemplo en el biofeedback o realimentación biológica. Una señal que esté en correspondencia con una función vital nos puede servir para variar ésta a voluntad, dentro por supuesto de unos límites. Sin embargo, y esto es lo importante, aquí está fuera de lugar cualquier noción de manipulación, que en este contexto pierde todo su sentido. Incluso el control, con toda su vasta teoría actual, queda subsumido en la idea de autocontrol, que lejos de ser un caso particular, parece el caso más indefinido y general.

En nuestro control físico ordinario de objetos externos también se invierte la relación entre acción y cálculo. Pensemos en el complicado equilibrio que conlleva ir en bicicleta; la dinámica a duras penas puede resolver el problema mediante las fuerzas centrífugas en caso de movimiento lento, pero se le va de las manos en casos de mayor velocidad. Y sin embargo para el ciclista es todo lo contrario: la velocidad es la solución, y la excesiva lentitud el problema. El movimiento se demuestra pedaleando.

Sin embargo dentro de la categoría del autocontrol hay algo más que ciclos de percepción y acción; hay también autoobservación. En el caso del biofeedback se presentan dos casos básicos, el seguimiento de una función de forma directa, como cuando al observar nuestra respiración la modificamos sin siquiera pretenderlo, y el seguimiento indirecto, ya sea mediante un espejo que nos devuelve nuestra imagen para intentar mover músculos involuntarios o por un aparato con sensores que nos traduce señales generadas por nosotros mismos pero de las que nosotros no somos conscientes.

El motivo del biofeedback puede parecer muy limitado puesto que desde su aparición y difusión hace cincuenta años apenas ha trascendido el nivel de una curiosidad. Sin embargo marca un punto de inflexión en la relación entre el hombre y la máquina. Si la idea más socorrida a la hora de explicar el surgimiento de herramientas es como extensiones o prótesis que proyectan fuera nuestra capacidad como organismos, y si luego hemos dado en reconocer que a partir de cierto punto se pierde toda relación armónica entre la herramienta y el órgano, aquí por primera vez empleamos la máquina para que nos ayude a tener o recobrar la conciencia de funciones orgánicas hundidas ya por debajo del umbral de la atención.

Así pues, si la técnica salió de la biología del organismo consciente, es justamente aquí que retorna a ella de la forma más mediada posible, aunque con la intención más directa. En puridad, toda la teoría cibernética del control tendría que retornar al autocontrol como su arquetipo, puesto que éste ya incorpora los ciclos de percepción y acción permitiendo el hueco justo para la autoconciencia en torno a la que giran; lo automático se subsume en el autocontrol, el autocontrol en la autointeracción y ésta en lo espontáneo.

A pesar de que estamos hablando de que los campos gauge contienen un mecanismo básico de feedback, el uso del lagrangiano en teoría del control parece totalmente secundario, lo que supone una curiosa situación. Las cosas podrían cambiar si se trabajara con fuerzas del tipo de la de Weber, y también con fuerzas disipativas, termomecánicas, en el sentido propuesto por Pinheiro. También la teoría de la medida tendría que ajustarse a los requerimientos de este tipo de sistemas.

Hoy se dice que el doble acceso a la percepción y a la acción definen un problema de inteligencia artificial. Pero todavía hay un campo mayor esperándonos en la autopercepción y la inteligencia natural.

13. Evolución individual de una entidad

La presente síntesis de la teoría de la evolución nunca ha tenido el menor poder predictivo, pero tampoco ha tenido poder descriptivo, por lo que, como la cosmología, se ha usado mayormente como complemento narrativo para leyes físicas sin ningún espesor temporal en el más decisivo de los sentidos.

Para paliar las evidentes limitaciones de una teoría que sólo gracias a la fantasía puede tener algún contacto con las formas naturales —y no desestimemos el poder de la fantasía en un campo como éste-, la evolución se ha combinado con la perspectiva del desarrollo biológico (evo-devo), y aun con la ecología (eco-evo-devo), pero ni aún así se ha podido crear un marco medianamente consistente o unitario para describir problemas como la emergencia, la maduración, el envejecimiento y la muerte de los seres organizados.

No hay necesidad de llamar a todo esto por otro nombre que evolución sin más, dado que la presente teoría sólo se ha apropiado de ese nombre para dedicarse luego a tratar cuestiones especulativas y remotas, en lugar de problemas cercanos y plenamente abordables.

¿Qué es lo que determina el envejecimiento y muerte de los organismos y las sociedades? Esto es un problema real de evolución.

[137]

El astrofísico Eric Chaisson ha observado que la densidad de la tasa de energía es una medida mucho más decisiva e inequívoca para la métrica de la complejidad y su evolución que los distintos usos del concepto de entropía, y sus argumentos son muy simples y convincentes [60]. En todo caso sería deseable la inclusión de esta cantidad en un contexto mejor articulado con otros principios físicos.

Georgiev et al. han intentado hacerlo estableciendo un bucle de retroalimentación entre dicho flujo de energía, el principio físico de mínima acción *entendido como eficiencia o como movimiento a lo largo de los caminos con menor curvatura o restricción*, y un principio cuantitativo de máxima acción; es decir, con la densidad de flujo por masa mediando entre la eficiencia y el tamaño, aplicándolo experimentalmente a CPUs como sistemas de flujo organizado [61]. Cuando estos vértices de flujo-eficiencia-tamaño se conectan en un bucle de realimentación positivo se produce un crecimiento exponencial de los tres y surgen relaciones de leyes de potencias entre ellos.

Aunque este modelo admite muchas mejoras y puede ilustrarse de formas muy diferentes, parece que apunta en la buena dirección.

Puesto que el problema básico del envejecimiento es la *restricción creciente* y la incapacidad de superarla, y ninguna teoría que no aborde esto como asunto fundamental puede hacer mella en el tema. Otra forma de decir lo mismo es que el envejecimiento orgánico es la incapacidad creciente para eliminar. Envejecimiento es irreversibilidad, y la irreversibilidad es una incapacidad para seguir siendo un sistema abierto.

Piénsese un poco en esto. Algo tan básico y elemental en física como el principio de mínima acción es capaz de decirnos algo absolutamente esencial sobre el envejecimiento: para darle su debido valor sólo tenemos que saber aplicar medidas globales adecuándolas a sistemas abiertos con un uso variable de la energía libre disponible.

El avance teórico en este campo es infinitamente más factible que en la "síntesis moderna" e infinitamente más relevante, puesto que aquí de lo que se trata no es ya de especies, sino del destino individual de cualquier organización espontánea, ya sea un vórtice o un solitón, un ser humano o una civilización; en buena medida afecta incluso a la evolución lamarckiana de máquinas y ordenadores con un diseño o finalidad asignada.

La densidad de la tasa de energía es una medida cuantitativamente robusta, profundamente significativa desde una perspectiva cósmica, y también puede tener alcance a la hora de llevar a tierra criterios de entropía poco manejables. Naturalmente, el criterio flujo-curvatura-tamaño puede contrastarse con el criterio flujo-curvatura-entropía, ya sea ésta última máxima o no.

Este triple criterio densidad de flujo-curvatura-tamaño puede aplicarse con fruto a contextos donde el flujo es lo decisivo, ya sea en modelos tan fuertemente cuantitativos como el de los flujos monetarios, como en modelos puramente cualitativos de vórtices como el que propone Venis, evolucionando entre la expansión y la contracción. Puede aplicarse incluso al círculo del destino individual, y hace pensar en un reloj de esa evolución, que en la terminología actual muchos llamarían un reloj del envejecimiento.

14. Del *Libro de los cambios* al álgebra de la conciencia, pasando por el análisis técnico

En su espléndido libro sobre la Matemática de la Armonía, Alexey Stakhov dedica una sección a la teoría matemática de la decisión e interacción estratégica de Vladimir Lefebvre, que a diferencia de otros desarrollos en este área como la tan promocionada teoría de juegos, incluye un intrínseco componente conductual y moral [62].

Todo parte de la observación de que, si a alguien se le pide que separe alubias verdes buenas y malas en dos montones, la probabilidad del número final de alubias no se reparte en una proporción 50%—50%, sino en una 62%-38% a favor de las consideradas buenas.

Según Lefebvre, lo que hay al fondo de esta percepción asimétrica es una triple gradación de implicaciones lógicas definibles dentro de una lógica binaria o álgebra booleana:

$$A \,[a_0\text{conciencia} \rightarrow a_1\text{reflexión} \rightarrow a_2\text{intención}]$$

siendo la conciencia el campo primario, la reflexión el secundario y la intención una reflexión de segundo orden.Dentro de esta estructura de la reflexión humana, la evaluación personal de la conducta comporta, por implicación lógica, una autoimagen:

$$A = a0^{a1^{a2}} \quad ; \quad A = (a2 \rightarrow a1) \rightarrow a0$$

La tabla de verdad subsiguiente nos da una secuencia asimétrica de 8 posibles valores, con 5 con una estimación positiva y 3 con una negativa. Naturalmente, 8, 5 y 3 son números adyacentes de la serie de Fibonacci.

Lo extraordinario del marco lógico de cognición ética creado por Lefebvre es que, sin que él mismo parezca haberlo notado, permite una interpretación completamente moderna del *Libro de los Cambios* sin desvirtuar su índole sapiencial y moral. No es algo que aquí vayamos a probar, pero dada la profunda influencia del Yi Jing en la historia de la cultura china, sería del máximo interés buscar la correspondencia rigurosa entre ambas visiones.

Sin duda el marco de Lefebvre está más formalizado, y más enfocado en la imagen que el individuo o agente tiene de sí mismo, que en la situación o coyuntura, como es el caso del Yi Jing; en realidad podríamos decir que la formalización de Lefebvre es un límite booleano y mensurable para interacciones con el menor número de individuos, pero aún así la correspondencia se mantiene intacta y se puede llevar a grados mucho más amplios e impersonales de implicación, y por tanto, de comprensión.

*

Stakhov le dedica a continuación un apartado al análisis técnico bursátil de ondas de Elliott, que como se sabe también se fundan en las series de Fibonacci. El alcance teórico de las ondas de Elliott es, en el mejor de los casos, limitado, por más que su modalidad de análisis fractal pueda aplicarse a discreción. Pero aquí quería apuntar a una cuestión metodológica mucho más profunda. El modelo de Lefebvre nos muestra que estas series tienen, o al menos admiten, un componente reflexivo —de hecho su trabajo se ha calificado como una teoría reflexiva de la psicología social. Y ese componente reflexivo es justamente lo que más se echa en falta en el modelo de Elliott. Existe también una teoría reflexiva de la economía y el mercado, con ciclos de feedback positivos y negativos; esta teoría no carece de mérito, si la comparamos por ejemplo con la hipótesis del mercado eficiente, que, aun si no fuera falsa, siempre será incapaz de decirnos nada. Además, la teoría reflexiva no afecta sólo a los precios, sino también a los fundamentos de la economía.

La reflexividad económica es un modelo de *autointeracción,* como lo es también de autoimagen, y nunca se podrá prescindir de ese decisivo elemento en los asuntos humanos, aunque sea imposible de cuantificar. ¿Pero qué ocurre cuando la autointeracción atraviesa la conducta de los sistemas naturales? Pensemos por ejemplo en el caso del análisis del pulso que hemos mencionado, que es un modelo clarísimo de autointeracción, y que, como bonus, tiende a ratios áureas en el ritmo y la presión. Pero está claro que en los sistemas sociales la reflexividad pasa por el conocimiento de una situación externa, mientras que en un sistema orgánico la reflexividad es una pura cuestión de acción.

¿Cuánto espacio le deja un tipo de reflexividad a la otra? ¿Hasta dónde puede manipularse la percepción de los mercados? Hoy vemos además que los bancos centrales intervienen sin el menor disimulo en los precios, inyectando dinero a discreción y convirtiéndose en guardianes de las burbujas financieras. Pues bien, el análisis del pulso, la transformación de sus modalidades, y el estudio de los límites de la manipulación consciente a través del biofeedback nos están dando lo más cercano que hay a un marco cualitativo para estudiar ese inasible problema. Y si, además de las implicaciones cuantitativas que todo esto ya tiene, se desean métodos más intensivos, también es posible aplicar a los flujos monetarios modelos con CPUs como el de la realimentación triangular de flujo-eficiencia-tamaño que comentábamos anteriormente.

*

En *El álgebra de la conciencia* Lefebvre hacía un análisis comparativo del contexto ético estadounidense y soviético dentro del marco de confrontación de la guerra fría [63]. El sistema W del mundo occidental cree que el compromiso entre el bien y el mal es malo, y que la confrontación entre el bien y el mal es buena. El sistema S del mundo soviético, por el contrario, creía que el compromiso entre el bien y el mal es bueno y la confrontación entre el bien y el mal es mala —lo que no dice Lefebvre, porque va más allá de su análisis formal, es que el afán de confrontación del sistema W no se basaba en ninguna idiosincrasia moral sino en la imprescindible expectativa de seguir creciendo; del mismo modo que el deseo de evitar la confrontación del sistema S se basaba en su miedo a desaparecer.

En cualquier caso, de las opciones e implicaciones entre el compromiso y la confrontación surgen cuatro actitudes básicas, la del santo, el héroe, el filisteo y el hipócrita: el santo lleva al máximo el sufrimiento y la culpa; el filisteo quiere disminuir el sufrimiento pero puede sentir una aguda culpa; el héroe minimiza su culpa pero no su sufrimiento; y el hipócrita minimiza el sufrimiento y la culpa.

[144]

Podríamos haber creado 8 tipos en lugar de 4, en consonancia o disonancia con otros 8 escenarios o tropismos naturales, con dos implicaciones binarias más de tercer grado o una única de sexto grado. La lógica y el cálculo sirven para ascender esta escalera y la comprensión empieza donde acaba el cálculo. Así, la razón áurea nos mostraría de forma muy directa su rol de mediador entre lo discreto y lo continuo, lo digital y lo analógico.

En realidad tenemos aquí un insospechado Centauro, a saber, un punto medio entre la lógica formal binaria y la lógica dialéctica entendida a la manera de Hegel. Pero la prueba de que se trata de algo genuino, y no una mezcla arbitraria, es que incorpora "de fábrica" una asimetría que es un rasgo inequívoco de la naturaleza. Podríamos llamarlo una lógica asimétrica de la implicación.

Se ha dicho que la teoría de Lefebvre fue usada a los más altos niveles de negociación durante el colapso de la Unión Soviética; y aquí no entraremos a juzgar qué rol positivo o negativo pudo tener, y para quién. En cualquier caso su marco sólo abarca a dos agentes, y no al escenario o coyuntura que puede disponer de ellos. El marco del Yi Jing puede servir no sólo para ver cómo uno se ve en el mundo, sino también para ver cómo el mundo lo percibe a uno; a fin de cuentas se trata de ilusiones paralelas. Se diría que la percepción asimétrica forma parte de la misma realidad; una doble asimetría abraza mejor las implicaciones y el eje inadvertido de su dinamismo.

Sin duda se podría hacer un gran juego de mesa o de salón con estos argumentos. Más interés tiene, sin embargo, el estudio de la conciencia moral o social por el análisis de sus implicaciones. Y mayor interés aún tiene el tomar conciencia de cómo se interpenetran la coyuntura externa, para la que siempre buscamos imagen, con la cambiante imagen que nos hacemos de nosotros mismos, formando ambos un mapa momentáneo de nuestra situación y conciencia.

Es de suponer que Lefebvre conoce el texto del Yi Jing; sin embargo es evidente que la línea de sus razonamientos es del todo independiente del clásico chino y ha llegado a su "sistema posicional" de la conciencia moral partiendo de la tradición lógica y matemática occidental. Le hubiera bastado con ver por un segundo el *Taijitu* con la razón áurea entre el yin y el yang para que la chispa saltara en su mente. En los próximos años podemos asistir a otras muchas conmixtiones de este género inducidas por un cambio de contexto.

15. Ciencia y conciencia

Hemos procurado tratar un solo tema desde los ángulos más diversos, para que cada cual tenga alguna posibilidad de conectarlo de la forma más directa con sus propios intereses. Se trata de una introducción mínima que remite a una bibliografía en absoluto exhaustiva, pero necesaria para ahondar en cualquiera de los aspectos tratados.

Claro que nuestra tema no era la razón áurea, sino que hemos usado esta constante como un índice de reciprocidad, para sondear cual es la relación de la ciencia con la misma reciprocidad. La constante φ sigue teniendo un papel atípico, marginal y episódico dentro de la ciencia moderna, centrada sobre todo en el cálculo.

Así pues, mi punto de vista preferente no es tanto el de la ciencia y la objetividad, como el de la reciprocidad misma, a la que concedo más importancia; como intento dar más importancia a la conciencia de la realidad que a la ciencia.

Y la realidad misma se parece a una parábola. Podemos decir que junto a la unidad, a veces también simbolizada por el punto, el círculo y la constante π, existen desde la eternidad otras dos grandes constantes matemáticas, e y φ. La constante e, base de los logaritmos naturales y de la función exponencial, encarna a la perfección la exhaustividad analítica del cálculo y mira hacia la pluralidad del mundo. La constante φ, el algoritmo natural de una naturaleza que ignora por completo el cálculo, mira a la unidad sin saberlo. Y la propia unidad, si realmente lo es, no puede mostrar preferencia por ninguna de las dos.

Ahora bien, en la ciencia moderna el peso de *e* es infinitamente mayor que el de φ, hasta el punto de que podríamos prescindir de φ sin siquiera darnos cuenta. El número *e* nos remite al continuo y la infinita divisibilidad; φ nos remite a operaciones discretas sin finalidad —y se sobreentiende que la divisibilidad infinita ya es una finalidad humana que siempre puede exceder sus límites de operación. De aquí la necesidad de volver al contradictorio fundamento del cálculo.

Como es sabido, el número *e* fue identificado por vez primera por Jacob Bernoulli en 1683 en un problema de interés compuesto, y es absolutamente consustancial al moderno espíritu del cálculo con todo lo que conlleva. La razón áurea tiene sin duda un pasado mucho más antiguo pero, a ojos de los modernos, cuesta mucho ver cómo podría haber tenido un papel relevante en el conocimiento de la antigüedad. El número de Euler está en la base de la llamada matemática avanzada o superior, mientras que el número amigo de las musas no puede quitarse de encima lo elemental e ingenuo de su origen —lo que también constituye su mayor encanto. Este el motivo de su permanente popularidad entre matemáticos aficionados.

Esta circunstancia indudable esconde otra ingenuidad por parte del espíritu del cálculo que deberíamos aprender a apreciar. Sabido es que hombres como Stevin o Newton todavía creían que el hombre antiguo podía haber tenido conocimientos más amplios que sus contemporáneos; si matemáticos como ellos aún osaban pensar eso, hay que atribuirlo sin duda al impacto incomparable que en esa época tuvo el legado de Apolonio y Arquímedes —los más avanzados matemáticos de la antigüedad.

Pero esto ya presuponía una idea totalmente sesgada sobre qué era lo avanzado en el conocimiento, que se ha perpetuado hasta hoy.

Se dice que la cantidad de conocimiento se duplica regularmente cada 15 años desde la revolución científica, lo que implica que hoy nuestros conocimientos de física y matemáticas son cuatro millones de veces mayores que en 1687 cuando se publicaron los *Principia*. Por lo demás esta obra magna ya es de por sí un tratado oscuro y difícil de leer que ha sido y sigue siendo rutinariamente malinterpretado incluso por los mejores expertos.

Intentemos comprender cuatro millones de *Principia*. No caminamos a hombros de gigantes, sino que los gigantes avanzan sobre nuestros hombros, aunque cada vez menos, como es fácil comprender. Y la lógica del capital acumulado es que el capital acumulado no se arriesga. La teoría de la relatividad y otras "revoluciones" fueron adoptadas siguiendo el principio de mínima eliminación y de máxima conservación del capital. Toda la búsqueda exacerbada de novedad en la física teórica no es sino la huída hacia adelante obligada por no estar permitido examinar realmente los fundamentos. Pero cuanto menos se elimina, y menos se renueva el fundamento, más inexorablemente se envejece.

Obviamente la estratificación del conocimiento y la ramificación de especialidades sigue la lógica del interés continuo y el capital —y deuda- acumulados.

Es realmente curioso que dos constantes tan ubicuas como e y φ, los "dos fractales naturales", crucen tan poco sus caminos en un campo tan ilimitado pero redundante como las matemáticas. Tan curioso, que el estudio del encuentro y desencuentro de ambas constantes debería ser un área de investigación matemática por derecho propio, llena de interés tanto para la matemática pura como para la matemática aplicada. Si esto no ha ocurrido todavía, es por el desarrollo absolutamente unilateral de todas las ciencias y las matemáticas del lado del cálculo y la predicción, que han puesto el resto de sus armas, como por ejemplo el álgebra, enteramente a su servicio.

Se comprende que exista, entre muchos matemáticos, una típica reacción alérgica a las cuestiones que plantea la razón áurea y la matemática de la armonía, y que se vean más como un estorbo que como una guía, puesto que en el fondo de lo que se trata es de ponerle límites discretos y constructivos a un análisis para el que no se quiere la menor restricción. Nada debe medir al que mide.

Parece ser que en la época en que surgió la escritura y las primeras grandes ciudades la casta sacerdotal guardaba los estándares de medida en los templos. Pero la naturaleza es el templo perfecto que lo guarda todo sin ocultar nada.

Hemos dicho que φ parece "el algoritmo natural" de una naturaleza que no sabe medir ni calcular. Pero no tener ningún sistema de medida y de cálculo equivale, en cierto sentido, a tenerlos todos y superarlos a todos; del mismo modo que la falta de intención de la naturaleza supera infinitamente los propósitos humanos. Entonces, el valor de esta rama de la matemática para la teoría de la medida y la computación debería estar fuera de cuestión. Se trata de identificar problemas pertinentes en el dominio de la interdependencia.

En poco más de tres siglos hemos tenido al menos cinco grandes cortes con la concepción constructiva y proporcional de la medida: el cálculo infinitesimal y la mecánica clásica, la teoría de Maxwell, la teoría de conjuntos, la relatividad y la mecánica cuántica. Con cada uno de estos sucesivos pasos, el problema de la medida se ha ido tornando más y más crítico y discutible. Pero es absolutamente superficial pensar que sólo los últimos desarrollos cuentan y que la propia teoría de la medida es un auxiliar para nuestras predicciones. Justamente así es como se construyó esta torre de Babel.

*

El interés de la razón áurea iría más allá de nuestra implicación en la complejidad y el cálculo modernos. En este área, siempre son posibles descubrimientos nuevos a nivel elemental tan inesperados que ni siquiera sabemos cómo valorar. Por lo demás, su aparición persistente en la música —esa aritmética inconsciente, al decir de Leibniz-, en ritmos fisiológicos y secuencias anatómicas nos indica su carácter no sólo intuitivo, sino, en última instancia, prenumérico.

Hay aquí una gran pista abierta no sólo para la arqueología del saber, sino para la misma activación de ese conocimiento antiguo que nos parece hoy inconcebible. En el *Libro de los Cambios* hemos visto un álgebra asimétrico de implicación. Las seis líneas de un hexagrama se corresponden con las seis direcciones del espacio en los extremos de sus tres ejes, que contraponen a un yo y su circunstancia. Pero aquí la simetría de las coordenadas es sólo el marco externo y pasivo, es la asimetría la que constituye el resorte dinámico interno en el que se interpenetran agente y situación.

[151]

El *Libro de los Cambios* es el mejor ejemplo posible de un saber analógico que no depende del cálculo, y hacia el que una cierta lógica natural de la implicación *confluye*. Lo importante no son los 64 casos o las 384 líneas, sino el plano de síntesis hacia el que apuntan.

Si el análisis tiene su llamado plano complejo para operar con cualquier número de dimensiones o variables, no menos cabe concebir una lógica de implicación que es capaz de reducir cualquier número de variables a un plano igualmente intangible de síntesis, que llamaremos el plano de la síntesis universal o de la inclusión universal.

Por supuesto, en esta época cualquiera que oiga hablar de una "inclusión universal" sólo puede pensar en la confusión universal. Por eso hemos desarrollado el análisis, porque no creemos en el conocimiento que no esté debidamente formalizado. Sin embargo, el desarrollo de la formalización no ha contribuido a una mayor inteligibilidad, sino más bien lo contrario. Para nosotros, cada vez más, el conocimiento formal no es tanto luz como sombra; una sombra que sabemos demasiado bien está proyectada por nosotros mismos. La sombra del poder sobre la naturaleza o los procesos sociales.

Toda la filosofía de Occidente desde Descartes se basa en la idea de una inteligencia separada. Por eso los sucesivos cortes que vienen uno detrás de otro desde Newton no nos parecen tales, puesto que, dentro de esta lógica, más separación de la naturaleza es más autoafirmación. Pero cualquier proceso tiene su límite, y cuando ya no hay nada sobre lo que afirmarse —porque la naturaleza es inhallable-, todo deja de tener sentido, salvo por el mero ejercicio del poder, que carece de estímulo intrínseco para el conocimiento.

Y además, la época dorada en que aumentaba el campo de las predicciones queda ya muy atrás, cada vez más lejos. No volverá, por la sencilla razón de que todo se optimizó para obtener predicciones y toda la fruta baja del árbol ya está cogida. Sólo cabe raspar rendimientos decrecientes en la fea lucha con la complejidad. A pesar de todo a la ciencia moderna le resulta casi imposible revisar sus bases, que es en lo único donde podría haber verdadera novedad. Tenemos la gran ventaja de nuestra perspectiva histórica, pero la misma existencia de las especialidades depende de que no se reflexione sobre sus fundamentos.

La ciencia moderna no es capaz de habérselas ni con la trascendencia ni con la inmanencia; porque ni puede ya separarse más, ni sabe cómo volver a ver las cosas desde el interior de la naturaleza.

Ahora bien, si volvemos la vista atrás como hemos hecho, tan sólo reordenando nuestra percepción de las presentes teorías, ¿qué significa prescindir del principio de inercia? ¿Qué sentido tiene decir que todo se basa en la autointeracción? ¿Qué sentido tiene decir que lo único que percibimos es el Éter?

Se trata de afirmaciones trascendentales, en el sentido en que podría haberle dado el padre de la fenomenología, Edmund Husserl, si se hubiera ocupado de la física. Sin embargo suspender el principio de inercia derriba al falso idealismo de la física de su caballo de madera, esa contradicción tan fecunda que aísla a una bola que rueda del resto del mundo menos de nosotros mismos. Darnos cuenta de que sólo percibimos el Éter, porque sólo percibimos en el modo de la luz es darnos cuenta de que ya estamos siempre en medio y que la propia materia y el espacio son límites trascendentales.

Finalmente, decir que los planetas o los electrones orbitan sus centros por autointeracción sólo puede entenderse como que la relación entre la materia y el medio parece reflexiva simplemente porque ambos no están separados.

Separación y reflexividad son ambas apariencia tanto en el sujeto como en el objeto, y es inútil querer adherirse a una parte queriendo negar la otra, como la ciencia ha pretendido. La inteligencia y el ser coinciden —al menos desde el punto de vista de la inteligencia, puesto que ésta es incapaz de percibirse a sí misma.

Esta reflexividad, esta inteligibilidad, es el mismo plano de la síntesis universal. Pero esto también tiene una traducción física. La evolución de un vórtice en seis dimensiones en las coordenadas de Venis podrían ser un buen ejemplo de intersección del naturalismo con el plano trascendental.

Estas ideas las puede aplicar uno mismo tanto al conocimiento mediato como al inmediato de la naturaleza. Desde el punto de vista operativo y formal, todo el conocimiento observable de la física se puede incluir en el principio de equilibrio dinámico. Pero desde el punto de vista de la cognición inmediata, apenas puede uno sostenerse en la contemplación del instante sin la inercia —hasta tal punto esa bola que rueda ha capturado nuestra idea subjetiva de la sucesión. Sin embargo, estos principios, que ahora nos resultan mucho más exigentes desde el punto de vista intuitivo, puesto que están mucho más llenos de contenido, no se basan en la separación de la naturaleza y por lo mismo hacen menos necesaria su forzada "unificación" por el hombre.

Verdaderamente, ese plano trascendental es aquel en que la trascendencia con respecto a la naturaleza y su regreso a ella coinciden —pero en verdad la única naturaleza que aquí se trasciende es la relativa a la inercia de los hábitos, lo que llamamos nuestra "segunda naturaleza". Aquí podríamos decir con Raymond Abellio: "La percepción de relaciones pertenece al modo de visión de la conciencia "empírica", mientras que la percepción de proporciones forma parte del modo de visión de la conciencia "trascendental" [64].

Pero, por supuesto, en la ciencia moderna apenas hay proporciones, porque todas las unidades que manejamos son un amasijo heterogéneo e ininteligible de cantidades —por eso se las confiamos cada vez más a los ordenadores y sus programas para que "trituren" los datos.

El término "trascendental" sólo puede tener significado para aquellos que se ocupen de lo inteligible del conocimiento, no para aquellos que simplemente se contentan con su formalización para obtener predicciones. Sin embargo, aquí lo estamos haciendo descender al núcleo mismo de los principios físicos y de esa eterna incógnita que llamamos causalidad; y esto puede hacerse no sólo de forma cualitativa, sino igualmente cuantitativa.

Ningún físico o matemático necesita creer en la existencia del plano complejo o las variedades complejas, por más aconsejable que pueda ser revisar sus fundamentos; menos aún se nos podría pedir que probemos la existencia de un plano de síntesis trascendental, puesto que la palabra "trascendental" significa que es la condición del conocimiento. El movimiento se demuestra andando, y el conocimiento, comprendiendo.

Además, hablar de la "existencia" de semejante plano con relación al mundo de objetos y medidas no sólo está fuera de lugar sino que invierte por completo la situación. Decía Santayana que las esencias son "lo único que la gente ve y lo último que nota"; desde una perspectiva acorde con lo que ya hemos dicho, y que desde luego poco tiene que ver con las habituales narrativas y cosmologías, la entera experiencia es una transición entre una materia incognoscible pero medible y un espacio diáfano al conocimiento pero inmensurable. La existencia misma es ese proceso de despertar, pero con ritmos disímiles para todo tipo de sistemas y entidades.

Esta nuestra condición "entre el Cielo y la Tierra", entre lo diáfano y lo mensurable, no es una mera acotación filosófica o poética, sino que determina la gama entera de nuestras posibilidades de conocimiento, que empezaron por los actos de contar y medir, de la aritmética y la geometría, y que se han ido complicando sucesivamente con el cálculo, el álgebra y todo lo demás hasta llegar hasta aquí. Y no sólo podemos ver que la determina, sino apreciar que existe siempre una doble corriente, una doble dirección, descendente y ascendente.

Tampoco hay creer que este plano de las esencias se reduzca al aspecto matemático; por el contrario éste es sólo una expresión posible de una infinidad de modalidades. En nuestra época hemos llegado a creer que la complejidad sólo existe en los números, los ordenadores y los modelos, pero la riqueza de los fenómenos siempre ha sido infinita, independientemente de cualquier cuantificación. También nuestras percepciones, como nuestros pensamientos, son una parte fugaz del absoluto.

*

La tecnociencia es un continuo de práctica y teoría que dicta lo que parece admisible para ambas. Por otra parte, no son las ideas las que determinan nuestras acciones, sino que es lo que hacemos y lo que queremos hacer lo que determina nuestras ideas.

Para la tecnociencia actual, que la inteligencia esté totalmente separada de la naturaleza es condición indispensable para recombinar todos los aspectos de la naturaleza a nuestro antojo: átomos, máquinas, moléculas biológicas y genes, la interfaz entre cualquiera de ellos bajo el criterio menos restrictivo posible de la información.

Pero garantizar esta separación de dominios para poder manipularlos con toda libertad exige, como hemos visto, principios innecesariamente restrictivos, como se advierte ya en la física fundamental, que es también el plano fundante de nuestro comercio con la naturaleza en general.

Reintegrar la inteligencia a la unidad del ser es absolutamente contrario al principio liberal de separación arbitraria para poder unir y recombinar a su antojo. La mera posibilidad de una inteligencia en la naturaleza amenaza de cortocircuito a la propia inteligencia separadora que se ha erigido en árbitro supremo.

Y sin embargo, ya lo hemos visto, la idea de que hay realimentación en la órbita de un planeta o un electrón es menos contradictoria que el predicado habitual de que estamos ante una bala de cañón atrapada en un campo. De hecho no es contradictoria

[156]

en absoluto: sólo es absolutamente desconcertante, además de inconveniente.

Queremos ver por un lado una inteligencia separada, y por otro una materia completamente inerte, y entre ambas ficciones, la evidencia de una conciencia perfectamente impersonal, preindividual y sin cualidades se hace del todo inconcebible.

Tampoco tiene nada de extraordinario que los cuerpos aparentemente heterogéneos busquen el equilibrio con el medio homogéneo del que han salido y que no puedan hacerlo sin su concurso. El aspecto particular de este equilibrio es indiscernible de la inteligencia de esa entidad o sistema, que no puede dejar de participar de la inteligencia universal. De no ser por la conexión con ésta, nuestra misma inteligencia sólo existiría subjetivamente para nosotros mismos.

No es extraño, pero es totalmente inconveniente para las prácticas en las que estamos sumidos, para la mezcla horizontal indiscriminada que aspira a disolver todas las barreras naturales.

*

En la inmediata postguerra, en torno a 1948, y a la sombra del proyecto Manhattan y otros programas militares, surgen tres nuevas "teorías" que consolidan el nuevo estilo "algorítmico" de las ciencias: la electrodinámica cuántica con sus interminables ciclos de cálculo, la teoría de la información, y la cibernética o moderna teoría del control. A esto se sumaba, cinco años después, la identificación de la hélice del ADN, que pronto sería reducida igualmente a la categoría de la información.

Salvo por las proezas de cálculo que son su única justificación, la cuantización del campo electromagnético era una empresa superflua a nivel teórico que nada nuevo añadía a las ecuaciones conocidas. Lo gracioso es que sus promotores tuvieran que estar ahuyentando términos como "autointeracción" y "autoenergía" que continuamente les saltaban a la cara. Además de lo indeseable de estos términos para una teoría que se precie de fundamental, en física se supone que cualquier retroalimentación sólo puede aumentar los efectos no lineales.

Así, mientras la física fundamental luchaba a brazo partido por conjurar la idea de retroalimentación, la cibernética tenía que asumir que ésta es una propiedad emergente de seres con organización compleja, constituidos a su vez por bloques "fundamentales". Simultáneamente, la teoría de la información pirateaba una versión paralela de la entropía mecánico-estadística de Boltzmann, en lugar de la entropía irreversible de la termodinámica. Cuestionar la herencia del pasado hubiera estado fuera de lugar, así que los teóricos se contentaron con generalizar procedimientos heurísticos, y no podía ser de otro modo puesto que el continuo ciencia-tecnología no demanda otra cosa.

Hemos visto que nuestra misma idea de la mecánica celeste, del cálculo y de la interpretación mecánico-estadística de la Segunda Ley están basadas en flagrantes racionalizaciones —por no hablar de desarrollos más recientes. Incluso la explicación del funcionamiento de nuestro corazón se basa en una racionalización que intenta ignorar la monumental evidencia del papel de la respiración en la dinámica global de la circulación de la sangre.

La única razón por la que mantenemos estos espejismos es porque reafirman nuestra idea de que tenemos una inteligencia separada, a la vez que justifica nuestra intervención indiscriminada en la naturaleza, una naturaleza que muy convenientemente se quiere reducir a leyes ciegas y procesos aleatorios. A los hombres de ciencia les parece chocante como mínimo hablar de lo trascendental en el conocimiento pero todo el conocimiento científico moderno se basa en un yo que se pretendía trascendental, y que finalmente se hizo trivial.

16. La religión de la predicción y el saber del esclavo

En el cálculo, las cantidades infinitesimales son una idealización, y el concepto de límite que se aporta para fundamentar los resultados obtenidos, una racionalización. La dinámica idealización-racionalización es consustancial al material-liberalismo o liberalismo material de la ciencia moderna. La idealización es necesaria para la conquista y la expansión; la racionalización, para colonizar y consolidar el terreno conquistado. La primera reduce en el nombre del sujeto, que *siempre es más que cualquier objeto x*, y la segunda reduce en nombre del objeto, que se convierte en *nada más que x*.

Pero irse a los extremos no asegura para nada que hayamos captado lo que queda en medio, que en el caso del cálculo es el diferencial constante. Percibir lo que no cambia en medio del cambio, ése es el gran mérito del argumento de Mathis, que ninguna otra consideración le puede quitar. Ese argumento tiene la virtud de encontrar en el núcleo del concepto de función aquello que está más allá del funcionalismo, pues la física ha asumido hasta tal punto que se basa en el análisis del cambio, que ni siquiera parece plantearse a qué está referido éste.

Piénsese en el problema de calcular la trayectoria de la pelota tras un batazo para cogerla —evaluar una parábola tridimensional en tiempo real. Es una habilidad ordinaria que los jugadores de béisbol realizan sin saber cómo la hacen, pero cuya reproducción por máquinas dispara todo el arsenal habitual de cálculos, representaciones y algoritmos. Sin embargo McBeath et al. demostraron en 1995 de forma más que convincente que lo que hacen los jugadores es moverse de tal modo que la bola se mantenga en una relación visual constante —en un ángulo constante de movimiento relativo-, en lugar de hacer complicadas estimaciones temporales de aceleración como se pretendía [65]. ¿Puede haber alguna duda al respecto? Si el corredor hace la evaluación correcta, es precisamente porque en ningún momento ve nada parecido al gráfico de una parábola. El método de Mathis equivale a tabular esto en números.

¿Cuánto puede sintetizarse el conocimiento? Si no hay forma de demostrar que un algoritmo es el más compacto o el más económico en términos de tiempo, tampoco puede haber ningún límite explícito para su compresión, y lo mismo cabe decir para todo el conocimiento formal. Sin embargo, existe una guía informal pero eficaz tanto para sintetizar el conocimiento como para mejorar su calidad: atender siempre al medio invariable, a lo que no cambia en medio del cambio. Y aunque se trate de un principio informal, siempre es posible reconocer sus lineamientos: el ejemplo citado es suficientemente claro tanto en el mundo real como en el análisis formal.

De hecho, habría que decir que nos da una pauta incomparablemente más recta y simple que los "modelos alternativos", que son justamente los modelos establecidos del cálculo estándar y el análisis de algoritmos para tareas en inteligencia artificial. Con el tiempo podemos encontrar una infinidad de instancias con un potencial de convergencia al menos tan grande como lo es el potencial de divergencia para el acostumbrado análisis del cambio.

Ejemplos de idealizaciones son la inercia, las cantidades infinitesimales, las partículas puntuales y su identidad individual, la reversibilidad a nivel fundamental, el sincronizador global newtoniano y el relativista, las constantes físicas con dimensiones que serían independientes del entorno, o el espacio como variedad diferenciable. Se trata de ideas-fuerza que, a la vez que surgieron como necesidad íntima de un sujeto y una cultura, expresaban su voluntad de expansión hasta la última potencia. Esta idealización requería una fe intensa en el programa que hoy sólo podemos subestimar cuando incluso la fase de racionalización ya nos parece innecesaria.

Al momento presente le correspondería moverse más acá de idealizaciones y racionalizaciones, no más allá de ellas, puesto que ellas ya son la expresión de un vaivén entre extremos y del uso extremista del ejercicio de la abstracción y la experimentación. Lo cosificado es sólo pensamiento, pero el sujeto que piensa es otro pensamiento también, y la actividad del pensar, el Logos que da forma al mundo, sólo puede reverberar de forma distorsionada entre ambos.

La idea de un medio invariable y la idea de equilibrio dinámico, principios hasta ahora alejados de escena por idealizaciones que se sobreviven, son las dos caras de la misma moneda y definen un nuevo espectro de relaciones entre el conocimiento formalizado y conocimiento no formalizado, entre dualidad y no dualidad.

Pensar que hoy estamos más cerca de una "teoría final" en física de lo que estábamos en tiempos de Newton es sólo un espejismo. Se podría aumentar la cantidad de conocimientos por un trillón sin por ello acercarnos más a ninguna verdad definitiva. En la práctica llega mucho antes el cansancio que el verdadero conocimiento; pero el cansancio mismo llega por la incapacidad de eliminar y renovarse, igual que en el envejecimiento físico.

Tampoco estamos más cerca de "desentrañar el misterio de la conciencia" que en la época de Leibniz y Newton. De hecho estamos más cerca de esa época que de "la solución final"… entre otras cosas, y para empezar, por ni siquiera haber reconocido cosas como por qué funciona el cálculo. Parece que ni hemos sospechado que ambas cosas puedan estar conectadas.

El conocimiento formal puede aumentar indefinidamente sin llegar jamás a lo que ahora mismo estamos experimentando, y el avance en el conocimiento informal sólo se produce por el reconocimiento y apreciación de la existencia de algo donde creíamos que no hay nada. Igual que el poder y el conocimiento se limitan mutuamente, también lo hacen el conocimiento sin forma y el formal, pero no puede haber ninguna ley que limite ni anticipe sus relaciones.

No hay entonces un "horizonte trascendental" de acercamiento gradual a la verdad para el conocimiento social acumulado, pero tampoco para el conocimiento que ha trascendido o ha ignorado siempre las formas. Por lo mismo, hay en el conocimiento formalizado la posibilidad de trascender las formas, en el sentido de dejar atrás idealizaciones y racionalizaciones.

Hoy se podría aprender mucho más modulando delicadamente los estados de las partículas que estrellándolas en los aceleradores, igual que se puede aprender más desarrollando la teoría de la partícula con extensión que especulando sobre el origen del universo. Pero para ello habría que quitarse de encima el peso extremado de nuestras apuestas, vale decir, las exigencias de nuestras presentes teorías. Decir que en ciencia ya hemos llegado a "el fin de la teoría" sería el ejemplo más claro de propaganda extrema de las ya existentes. De hecho si muchos experimentos de laboratorio no tienen hoy mayor trascendencia es porque de inmediato se fuerza una interpretación estándar de hechos que en absoluto estaban previstos por esa teoría.

Sabido es cómo en 1956 Bohr y von Neumann llegaron a Columbia para decirle a Charles Townes que su idea de un láser, que requería el perfecto alineamiento en fase de un gran número de ondas de luz, era imposible porque violaba el inviolable Principio de Indeterminación de Heisenberg. El resto es historia. Pero esto no es una excepción, sino lo que ocurre constante y rutinariamente. Está claro que una teoría que sustrae infinitos de infinitos todas las veces que haga falta puede predecir cualquier cosa, sobre todo después de los datos. A esto se lo llama "métodos poderosos".

Entonces, no hay observación que la electrodinámica cuántica no pueda racionalizar. Y lo mismo ocurre con las dos teorías de la relatividad, con la mecánica estadística, la mecánica clásica o el cálculo. Hablar de "métodos poderosos" significa sobre todo esto, lo que pone a la búsqueda de la verdad en una situación desesperada. Los epiciclos de Ptolomeo también eran sin duda un método poderoso, puesto que podía hacer frente a todo tipo de observaciones celestes con un poder de predicción prácticamente inmejorable para la época.

El gran problema del conocimiento formalizado es que una vez que se acepta un estándar y se fuerzan en él todo tipo de cosas es terriblemente difícil salir de él. En el caso de la relatividad se aceptó cierta reforma de la mecánica clásica porque además de la urgencia de resolver flagrantes contradicciones, la unificación con la electrodinámica prometía una expansión aún mucho mayor, lo que hacía ciertos sacrificios necesarios. Otra cuestión es que desde Gauss y Weber se podía haber hecho todo de manera diferente, sacrificando otras cosas y obteniendo a cambio otras ventajas.

Incluso si no aumentara un ápice la cantidad de conocimiento acumulado, la formalización del conocimiento pasa por la matemática, y la matemática siempre es capaz de expresar cualquier concepto y relación de conceptos de una forma nueva y hasta irreconocible. Ya lo hemos visto: se pueden describir los mismos fenómenos diciendo que el movimiento de los cuerpos está determinado por las fuerzas externas, que afirmando que son los propios cuerpos los que determinan su movimiento. Quien no se sorprenda con esto, no se sorprende por nada.

Sería mucho más atento con la realidad tratar de recombinar un poco nuestras ideas que tratar de recombinar todas y cada una de las cosas del mundo sin interesarnos más por ellas que en la medida en que las podemos manipular. También sería más atento con la calidad de nuestro conocimiento. En el conocimiento formal cualquier cosa puede llegar a convertirse en cualquier otra cosa, pero aquí no estamos hablando de transformaciones arbitrarias, sino de transformaciones históricamente posibles, transformaciones del sentido.

Con otras palabras, no se puede cambiar todo de golpe ni mucho menos. Pero hay líneas claras de acción para darle la vuelta a un guante sin romperlo, y aquí hemos estado hablando de ese tipo de líneas. El aumento cuantitativo del conocimiento no tiene nada que ver con la mejora de su calidad, y es más bien el síntoma de un gran desequilibrio.

Y a la inversa, la mejora de la calidad está íntima pero no expresamente relacionada con el equilibrio entre el conocimiento formal, basado en el cambio, y la consciencia de lo invariable e indiviso, que no busca el infinito porque sabe que lo tiene dentro de sí. Este equilibrio depende también de la armonía entre principios, medios y fines; en cómo se cierra el círculo de la interpretación sobre el principio usando los medios más rectos.

Incluso si a la matemática le trae sin cuidado cuál es la realidad, no deja de depender de la forma, que se convierte así en su realidad propia. Es a través de la física matemática que ha salido de su extraordinario aislamiento, pero la física ha usado y abusado de la matemática para conquistar el mundo más que para verlo. Claro que lo contrario siempre es igualmente posible: la matemática puede usar la física para indagar su relación con la realidad, de una forma totalmente distinta de la empleada hasta ahora.

Puesto que la realidad es ante todo lo que no tiene forma y lo que es el soporte de las formas, pero la matemática puede empezar a vislumbrar otra relación con ella a través del reconocimiento en la unidad de la constancia en el cambio. Es en este sentido, como intérprete de la física en su sentido más básico, que puede trascenderse a sí misma y alcanzar el plano trascendental.

*

En el diálogo platónico *Menón*, Sócrates le plantea preguntas a un joven esclavo sin más cultura que su conocimiento del griego dibujando un cuadrado en el suelo y luego otro. Tras un hábil interrogatorio, preguntándole por la longitud que debe tener el lado del segundo cuadrado para que su área doble la del primero, y tras fases intermitentes de estupefacción, consigue alumbrar en él la idea de los números irracionales, que según se ha dicho supuso en la antigüedad la primera gran crisis de la matemática. Sócrates se precia de no haber instruido al esclavo embutiéndole un conocimiento ajeno, sino tan sólo de hacerle comprender algo "sacándolo de su propio fondo" cuestionando sus primeras respuestas.

Como siempre, pueden hacerse diversas lecturas de este famoso momento pedagógico, y Gómez Pin, en un magnífico libro cuyo subtítulo es precisamente *El saber del esclavo*, lleva más lejos el razonamiento hasta que el esclavo descubre por sí mismo la idea subyacente al cálculo infinitesimal [66]. Ciertamente, para nosotros parece que se puede pasar en dos horas de los números irracionales y los reales a la concepción del cálculo, pero, ¿por qué entonces llevó más de dos mil años desde la época de Platón? Muchas grandes mentes le dedicaron a este problema no sólo dos horas, sino gran parte de sus vidas, sin acercarse al núcleo de la cuestión.

La cultura y el conocimiento que atesoramos como sociedad sirve tanto para inscribir cosas nuevas en nuestras mentes como para borrarlas. Pero el conocimiento de alto nivel, el conocimiento muy especializado, es una planta muy delicada. Los matemáticos, naturalmente piensan que la verdadera fábrica de ideas no está en la filosofía sino en la matemática; a esto podría aducirse que los matemáticos puros manejan conceptos de una textura mucho más enrarecida, y que sólo han alumbrado verdaderas ideas cuando ellos mismos han sido filósofos, como Pitágoras, Descartes o Leibniz, o en todo caso "filósofos naturales" o físicos como Newton.

Los conceptos de los matemáticos de hoy sólo sirven en la punta de lanza de la instrumentalización. ¿Qué es lo que un físico o un matemático de hoy puede transmitir incluso a un público educado sobre sus investigaciones? Gómez Pin dice que el conocimiento categorial inscrito en el lenguaje es más básico que el conocimiento matemático: diferencias como cantidad y cualidad, o la categoría de medida, que es justamente una mediación o síntesis de ambas.

Sin duda hay bastante de cierto en esto; hay ideas más básicas que las matemáticas, que no son privativas de ninguna disciplina, y que encauzan la deriva de los conceptos matemáticos. Estas ideas pueden ser síntesis culturales de toda una época o una civilización. Y finalmente, hay símbolos, que ni siquiera pasan por las antinomias de ideas y conceptos pero que pueden adoptarlos por mera conveniencia externa. En otro tiempo, esos símbolos fueron soportes de diversas tradiciones que procuraban transmitir un conocimiento completamente más allá del dominio de las formas.

Hay un conocimiento informe que es verdaderamente nuestro raíz y suelo común; las ideas son como la sabia que asciende por el tronco de las diversas culturas, y los conceptos matemáticos, estarían más bien al nivel de las ramas, las hojas y los frutos. Si deja de ascender savia fresca lo que tenemos es el otoño de una cultura, la época de hojas secas. Y el instinto también es una parte del conocimiento implícito, sólo que también él se ve encauzado e instrumentado por el adiestramiento social. Nadie te dice cómo tienes que atrapar una pelota alta, pero que lo hagas jugando a béisbol o aplicándote a cualquier otra cosa sí depende de tu cultura y entorno.

El caso es que se nos presenta el instinto como opuesto a la razón cuando evidentemente es la razón la que se opone al instinto, a la naturaleza atrapada en nosotros. O tal vez habría que decir que ni siquiera es la razón, sino una serie de racionalizaciones. Siempre me pareció que la explicación de Newton de la elipse contradecía no sólo a la razón, ni a la razón y a la intuición, sino a la razón, la intuición y el instinto; y también me parecía que si la gente aceptaba esa explicación, no era desde luego ni por el instinto ni por la razón, sino por un determinado interés. Lo mismo podría decirse de querer encerrar el universo en las leyes de la mecánica.

Veamos qué nos dicen la razón y el instinto ante la siguiente cuestión. Siguiendo la misma lógica que sigue en toda su enmienda del cálculo convencional, Miles Mathis dice que el verdadero valor de la constante π en cualquier situación que comporte movimiento no es 3,14… sino 4. Esto es algo que ha argumentado con todo lujo de detalles y demostrando, para empezar, que ha leído a Newton y otros clásicos con mucho más detenimiento que sus críticos [67].

Mathis lo que está diciendo simplemente es que no es lo mismo la longitud que la distancia y que para avanzar en una curva como un círculo hay que moverse en dos direcciones a la vez. Se trata sólo de sumar los vectores, no de tomar el gráfico literalmente. Por supuesto que pi nos da 3,14… en relación al diámetro en una línea recta si lo medimos con una cuerda; pero de lo que se trata es de que moverse en una curva comporta simultáneamente una velocidad y una aceleración.

Si alguien tiene dudas que se pregunte si gasta el mismo combustible yendo en un automóvil en 3,14 kilómetros en línea recta o dando la vuelta a un circuito circular de un 1 kilómetro de diámetro. Y si se atribuye la diferencia a la fricción, que se pregunte si un objeto en el espacio con una velocidad impresa, que según el principio de inercia debería continuar con la misma dirección y velocidad indefinidamente, puede dar indefinidamente vueltas. Hasta ahora que sepamos no se ha enunciado ninguna ley de inercia con movimiento perpetuo para el movimiento circular.

Y sin embargo eso es lo que suponen los lemas de Newton del comienzo mismo de los *Principia*. Según Newton y toda la mecánica celeste desde él, un planeta en una órbita perfectamente circular podría orbitar entorno a un cuerpo central para siempre, exactamente como un móvil perpetuo. Pero creo que es evidente que la fricción no tiene aquí nada que ver con el asunto, puesto que cualquiera entiende de inmediato que se necesita un aporte de fuerza no sólo para cambiar de velocidad, sino también para cambiar de dirección.

La cuestión entonces, no es cómo es posible que Mathis diga lo que dice; la cuestión es cómo es posible que Newton y Euler y Lagrange y Laplace y todos los demás hayan podido aceptar esto durante más de 300 años sin inmutarse, y cómo podemos seguir aceptándolo sin concederle la menor atención. El mismo Mathis se lo pregunta repetidamente, y duda entre la hipótesis de que no lo percibieron y la hipótesis de que sí lo percibieron pero lo ocultaron.

No me cabe duda de que lo percibieron. Pero, como ya he dicho, subestimamos el ascendiente que tuvo sobre ellos un determinado ideal de la ciencia y la naturaleza por igual, la de un mecanismo de relojería gobernado por un relojero. Entonces, simultáneamente a la idea perfectamente utilitaria de expandir el dominio del cálculo a toda costa, se sentía la justificación moral de que eso contribuía a acercarnos a un ideal de la naturaleza perfectamente pasiva ante su creador. Esta mezcla íntima de utilitarismo y de teología disfrazada, en el que se confunden un creador personal separado y un sujeto cognoscente igualmente separado, sigue teniendo un ascendiente enorme incluso hoy; pero lo importante es que el instinto no se conozca a sí mismo. Por otra parte, sin duda creían tomar "el camino más corto" hacia su meta —que también era su ideal de eficiencia. Y además, nadie hubiera imaginado que el cálculo entendido como ingeniería inversa pudiera estar expuesto a este tipo de errores. La verdad no se podía escapar.

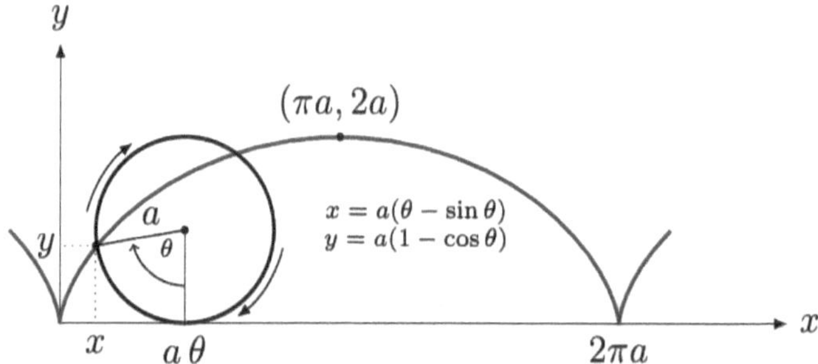

Otra forma más de visualizar esto, por si fuera necesario, es mediante la curva conocida como *cicloide*, trazada por el borde de una rueda al rodar en línea recta sin deslizamiento. La longitud de esta curva es exactamente 4 diámetros u 8 radios, y el movimiento que describe es extraordinariamente elusivo sólo si estamos pensando en el gráfico circular ordinario.

No deja de ser irónico que los primeros estudios concienzudos de esta curva los realizara Galileo, el padre del principio de inercia, —un principio tan elusivo para la época, que no se precisó hasta cincuenta años más tarde tras las contribuciones de Descartes y Newton- con el objeto de calcular cuadraturas. Mientras hacía sus laboriosos cálculos, empujaba una y otra vez con sus propias manos el mejor contraejemplo posible para esa idea de la bola que rueda que ya se había adueñado de su cabeza.

Como es sabido Galileo se opuso a la propuesta de órbitas elípticas de Kepler y siguió defendiendo el ideal de órbitas circulares. Huygens hizo un estudio aún más exhaustivo del cicloide para mejorar la precisión del reloj de péndulo, cuya idea se debía a Galileo. El propio Newton volvió a tener el asunto en sus manos al considerar el célebre problema de la curva braquistócrona, cuya solución es precisamente el cicloide.

No creo que el tema $\pi = 4$ merezca más explicaciones; y quien las necesite ya sabe dónde puede encontrarlas. Si lo queremos expresar en términos de límites, puede decirse que los cuerpos viajan en las curvas hasta el límite de los lados menores del triángulo, en vez del límite del lado mayor. Es lo que se conoce como "métrica de Manhattan", y arroja una profunda sombra de duda sobre la base de la inmensa mayoría de las métricas. Claro que la cuestión puramente "técnica" palidece ante el efecto que debería producir en nuestras mentes detectar tales agujeros que se remontan a tres o cuatro siglos atrás. Esto por sí solo debería cambiar radicalmente la percepción de nuestra relación con la ciencia.

Precisamente lo que muestran las derivaciones de Huygens y Newton, justo antes de que cristalizara el cálculo, es el delicado paso que media entre hablar de proporcionalidad en las fuerzas y su igualdad. Como en el caso de la definición de las fuerzas centrales, Newton es extremadamente cauteloso y se cuida de hablar de fuerzas iguales; pero una vez que el cálculo ha allanado el camino, la igualdad se dará ya por hecha. Con el surgimiento de las "cantidades evanescentes" también se disuelven para siempre las proporciones constantes de las figuras geométricas.

Es posible que buena parte del desencuentro entre el cálculo y la proporción continua se deba a la porción escamoteada al movimiento en su reducción a los gráficos, y la cinemática del círculo sería sólo el más claro ejemplo. Se ha dicho que la proporción continua pertenece al dominio de la estática, en contraste con el mundo cambiante del cálculo —pero en realidad lo que ocurre es lo contrario, es el cálculo, la herramienta destinada a describir el cambio, la que se adhiere a lo estático de las figuras. Esto debería tener profundas implicaciones para una teoría moderna de la proporcionalidad, una posibilidad que fue arrancada de raíz y borrada del mapa por la propia forma de operar del análisis estándar.

El cálculo, tal como ha sido entendido supone realmente una inversión de los planteamientos de la física. Como observa Krishna Vijaya, en lugar de determinar la geometría a partir de las consideraciones físicas, derivando de ellas la ecuación diferencial, desde Leibniz y Newton se establece primero la ecuación diferencial y luego se buscan en ella las respuestas físicas. Ambos procedimientos están muy lejos de ser equivalentes, pero la misma creencia en la realidad de los diferenciales se sigue del procedimiento adoptado. Sigue siendo necesario revertir este procedimiento para abrir los ojos y recobrar la perspectiva correcta [68].

Idealmente, descripción y predicción deberían estar equilibradas, lo mismo que la memoria y la anticipación, con las que creamos continua y reflexivamente nuestra percepción del tiempo. Sencillamente, si se ha creído que la matemática tiene una efectividad irrazonable a la hora de predecir ocurrencias naturales, es porque se ha escamoteado una parte muy grande de la descripción. Esto crea una enorme disonancia cognitiva tanto en nuestra percepción de la naturaleza como en nuestra idea de la ciencia y el conocimiento. La ciencia moderna está siempre urgida a ser más y más "creativa" para ser cada vez menos consciente de la naturaleza de sus manipulaciones. Pero existe un camino en que coinciden la liberación de la naturaleza y del sujeto cognoscente.

Se puede comprender sin calcular, y se puede predecir sin comprender. La morfología de Venis es un índice de lo primero, y la física moderna sin duda es el mejor exponente posible de lo segundo; pero eso no significa que un tipo conocimiento excluya al otro, todo depende de cómo se elaboren y deriven las conexiones. El verdadero problema es que la tecnociencia moderna está mucho más interesada en manipular que en comprender, y hasta un punto tal, que la comprensión se vuelve inconveniente. Lo cual a su vez también limita el grado de desorden que los humanos podemos crear.

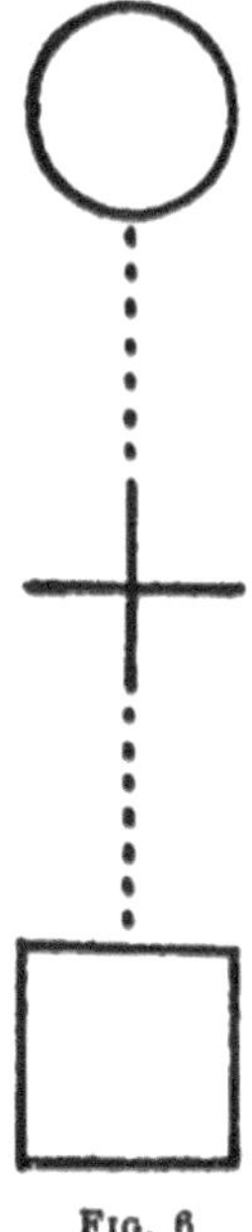

Fig. 6

Los filósofos se han quejado repetidamente de que el cálculo suponía una conversión del movimiento en espacio, pero nunca han sido capaces de sustanciar sus alegatos. Ahora que eso ya está hecho, tienen la oportunidad de ahondar en el tema.

El cicloide y la rueda podrían servirnos como indicio para abordar una cuadratura diferente de la que se proponía Galileo; casi podríamos decir que opuesta, aunque nunca deje de tener un punto importante de contacto. Sabido es que a lo largo de la historia, y para culturas muy diferentes, el círculo y el cuadrado fueron símbolo del Cielo y la Tierra, de lo activo y de lo pasivo, y de lo dinámico y lo estático respectivamente.

Sin embargo el entendimiento de qué era "dinámico" y qué "estático" se invirtió definitivamente en el breve lapso que va de Galileo a Descartes. Antes de esta inversión, el movimiento y los cambios en la extensión podían reflejar el cambio, pero más bien de forma accidental; y así, la potencia y el acto en Aristóteles tenían un sentido incomparablemente más amplio que el que hoy en física se atribuye a la energía potencial y la cinética —un par expresamente definido en función del movimiento.

La física despega cuando empieza a definirlo todo en función del movimiento y la extensión, aunque de una forma muy poco clara y distinta, se tiene consciencia de que no toda la realidad física se puede reducir a movimiento y extensión.

"Lo que se mueve no cambia y lo que cambia no se mueve". Cuanto más nos acercamos a nuestra época, más importancia cobra el movimiento, y cuanto más nos alejamos, más secundario y relacionado con las apariencias se lo considera. Pero en esta continua transformación hay permanentemente un doble movimiento; pues es evidente que el cálculo también ha congelado el movimiento y no sólo lo ha reducido a formas geométricas sino que ha asumido sus relaciones cuantitativas estáticas.

Este doble movimiento de ascenso y descenso, de condensación y volatilización es realmente un proceso natural y espontáneo que puede tener lugar a diferentes niveles —individuales, colectivos, físicos y no físicos. La historia y los ciclos de diferentes civilizaciones pueden responder también a este doble patrón, y la misma historia de la ciencia muestra una intermitente evidencia de ello.

Han corrido ríos de tinta sobre el dualismo cartesiano que separa la mente y la extensión, pero se ha hablado mucho menos de la dualidad inherente a las cantidades físicas, en que siempre coexisten una parte extensa y otra no extensa, sólo que en este caso sí están mediadas por el movimiento. De aquí van emergiendo sucesivamente pares como espacio y tiempo, fuerza y masa, cantidades vectoriales y escalares, intensivas y extensivas, hasta llegar a las sumamente complejas unidades de medida actuales.

Esta dualidad de las magnitudes físicas, se presente o no de forma antinómica, no es sino la resolución en el plano del movimiento de la otra dualidad; y no hay ninguna razón para que esta puesta en movimiento tenga fin puesto que se trata del propio despliegue de la razón. Creer que se puede encontrar la causa de la conciencia a algún determinado nivel de operaciones físicas es jugar al escondite con nosotros mismos. La sustancia pensante ya está enhebrada en la descripción de cualquier nivel de causalidad física desde los tiempos de Galileo y Descartes e incluso mucho antes; así que en vano esperamos a que las paradojas de la mecánica cuántica nos resuelvan estos enigmas.

Hay una gran diferencia entre una idea, e incluso una idea matemática, y la manipulación de símbolos matemáticos. Las ideas realmente profundas surgen cuando los conceptos procuran retornar a la interpretación o representación, y cuando la representación le rinde su tributo a lo no representado, a las implicaciones del conocimiento. Pero la deriva actual de la ciencia impide este retorno que siempre debería ser expectante hacia lo más básico, lo realmente fundamental.

El mundo sería sólo una ilusión si se pudiera reducir a extensión y movimiento, sin embargo la ciencia no acierta a decirnos qué puede ser más allá de estos atributos. Aquí está su límite, pero tendría que ser un límite fecundo. Y el límite entre eso que no puede representar y lo representable pasa precisamente por ese doble movimiento: este es el mejor exponente de la verdadera actividad, en la Naturaleza y en el Espíritu por igual. Podemos encontrar exponentes de ese doble movimiento a muchos niveles, desde el electrón a las relaciones constitutivas de los materiales, desde nuestra respiración al movimiento de los vórtices en la secuencia de Venis, desde el proceso de individuación a la propia autoconciencia.

La esvástica nos ofrece un buen ejemplo de símbolo conteniendo un conocimiento implícito. Se trata ante todo de un signo del Polo y de su acción sobre todas las cosas del mundo; pero también puede ser la forma más clara de expresar la cuadratura del círculo en el movimiento, el propio doble movimiento, el equilibrio dinámico, o la reciprocidad intrínseca a la Ley. Poca preocupación podía haber en la prehistoria por nuestros modernos problemas de cálculo, y sin embargo siempre podemos actualizar y dar voz a cada muda expresión de la realidad.

*

El cambio mismo no es sino el lado visible del plano trascendental, pero este cambio tiene infinidad de aspectos que escapan a nuestras limitadas ideas sobre el movimiento. En este sentido, toda la física moderna y la ciencia en general siguen teniendo una mortífera sobredosis platónica, y hemos pasado de la metafísica a la matefísica sin apenas darnos cuenta.

El mero hecho de pensar que existen constantes físicas fijas o partículas idénticas es ya una total falta de gusto a la hora de representarnos la naturaleza, un elocuente índice de nuestra incapacidad. Y sin embargo en un marco que aspira al "máximo poder predictivo", estos supuestos son imprescindibles. ¿Pueden existir los electrones idénticos, como recién salidos de una fábrica, fuera de nuestro complejo entramado de supuestos, constantes, y condiciones de medida? Naturalmente que no, y sin embargo dentro de este marco es casi imposible que pueda ser de otra forma.

Un electrón, como cualquier otra entidad o nosotros mismos, sólo puede ser una configuración efímera que cambia de momento en momento. No es el individuo lo que importa, sino el proceso de individuación, que conecta constantemente lo que a nosotros se nos aparece como la parte y el todo. Esta conexión es pura actividad, balance o lucha en el instante, no un acontecimiento congelado que se arrastra por el universo durante trece mil millones de años.

El análisis parece disolverlo todo, y sin embargo la fluidez del mundo se le escapa por completo. ¿Cómo puede ser esto posible? Es una excelente pregunta que habría que responder. Porque, hoy por hoy, ni siquiera se está acercando al flujo real de las cosas y la impávida unidad de la vida, sino que se aleja cada vez más de ellos.

De hecho se trata de una pregunta fatal para la ciencia moderna. Porque está claro que lo inmutable no puede ser objeto de conocimiento, y que si algo se puede conocer, sólo puede ser el cambio. ¿Cómo es que el análisis, que es el estudio del cambio, lo ignora casi todo sobre éste? Resulta casi increíble que los científicos no se hagan más preguntas sobre esto. Pero es que ni siquiera existe el marco adecuado para planteárselo.

Lo que se puede predecir es una expresión de regularidad, y en tal sentido, de ley. Pero el subordinarlo todo a la predicción ha obligado a separar y aislar aspectos de los procesos para obtener su perfil abstrayéndolo del fondo y el contexto. Y aunque el fondo último podría ser neutro, el contexto nunca lo es. Cualquier contexto fluye ya en una determinada dirección, pero nosotros ya la hemos cambiado por otra, porque guiarse sólo por las predicciones es correr con anteojeras.

La ciencia moderna trata de compensar el vacío del análisis y de la predicción con disciplinas de carácter "sintético" como la cosmología y la teoría de la evolución para intentar reconstruir los contextos y direcciones que el análisis ha destruido —pero lo hace ya completamente desde los supuestos establecidos por el criterio analítico. Y así, toda la cosmología depende implícitamente del principio de inercia, y la teoría de la evolución de la vida, de la inercia más el carácter puramente aleatorio de los procesos. Ya vimos que el primer supuesto es innecesario y contradictorio, y el segundo falso.

Como la parte analítica y predictiva tuvo precedencia, y la reconstrucción se pliega a sus supuestos, el conjunto está descompensado por completo. La idea que subyace es: podemos disolverlo todo, y luego volver a recomponerlo y a infundirle una dirección y una narrativa. Pero así es imposible respetar la realidad de las cosas.

La "parte analítica" tiene ya una dirección, y por lo tanto no debería separarse de la "parte sintética". Dicho de otro modo, la naturaleza ya tiene en todo momento su narrativa propia, de manera tal que no necesita suplementos ni narrativas añadidas.

La secuencia infinita de Venis nos plantea la unidad de los aspectos analíticos y morfológicos, del equilibrio y la dirección en la Naturaleza. Esta unidad es el verdadero desafío de la ciencia moderna y de la ciencia en cualquier época; el contraste entre su perspectiva y la perspectiva del análisis y síntesis modernos se revelará supremamente instructiva.

Heráclito comprendió el mundo mejor que los científicos contemporáneos; si ya desdeñó el saber de Pitágoras como polimatía, como mera multiplicidad de conocimientos, mejor no imaginar lo que hubiera pensado de nuestras teorías y especialidades. El problema no es la cantidad de conocimiento, sino su calidad; y la matemática es maestra en el arte de engañarnos sobre esto. Se acaba teniendo el conocimiento que se quiere, pero la cuestión es qué clase de conocimiento se quiere.

Una cosa es la organización espontánea en la naturaleza y otra la presencia recurrente en ella de una determinada constante matemática. Está aún por demostrar que exista algún tipo de vínculo funcional entre ambas, y en caso de que exista, tampoco puede aventurarse nada sobre su relevancia. Lo que admite pocas dudas es que sí puede interpretarse la física fundamental como un fenómeno de autoorganización, y de la forma más directa imaginable, a través de la mecánica relacional y los potenciales retardados; así como con la recuperación de la irreversibilidad "termomecánica", la única dinámica en realidad.

Pero la comprensión teórica por sí sola es incapaz a estas alturas de modificar lo más mínimo la deriva altamente disolvente y destructiva de la ciencia actual, tan a tono con el resto de la dinámica social —como ya se ha dicho, en vano se quiere cambiar de ideas sin cambiar antes lo que hacemos y queremos hacer. Hoy el hombre no parece hallarse entre la Tierra y el Cielo, sino entre una naturaleza en perpetua retirada que sólo vemos como fuente de recursos, y unas máquinas que materializan el espíritu humano para explotar la naturaleza externa y nuestra naturaleza interna.

Decimos "espíritu humano" porque en la máquina se materializa no sólo nuestra inteligencia sino también nuestra voluntad: y la unidad sustancial de ambas se nos ha hecho inconcebible justamente por la separación creciente que hacen posible las máquinas. Sí, las máquinas, como otras creaciones humanas, son una obvia cristalización de un agua y un fuego, un deseo femenino y una voluntad masculina: una pequeña naturaleza aislada del resto que intenta perpetuar sus movimientos a costa del entorno. Pagamos bien caro este simulacro de cierre que no es cerrado en absoluto ni puede serlo; en realidad, el *telos* del móvil perpetuo nunca ha dejado de ejercer su hechizo fatal sobre nosotros.

A lo largo de este escrito hemos estado indicando un eje común que atraviesa a la naturaleza, al hombre y la máquina, y que sin duda debe ir más allá de ellos, pues de ellos no conocemos otra cosa que planos y manifestaciones momentáneas. Si la tecnociencia actual separa para recombinar a su antojo y desencadenar la universal confusión de planos, bien podemos hacer lo contrario: ver en qué coinciden planos diferentes para sondear su vertical, su altura y su profundidad.

17. La función zeta y la teoría de la información

Se ha dicho que si se resolviera la hipótesis de Riemann, se podrían romper todos las claves de criptografía y ciberseguridad; nadie ha precisado cómo eso podría conducir a métodos más rápidos de factorización, pero al menos nos recuerda la estrecha relación entre un problema hasta hoy intratable, la criptografía y la teoría de la información.

Tales especulaciones sólo se basan en el hecho de que la función zeta de Riemann establece una conexión entre los números primos y los ceros de una función infinitamente diferenciable que brinda el método más potente para explorar este campo, siendo los números primos la base de la criptografía clásica; pero ya hemos visto que la función zeta es mucho más que todo eso.

Hoy hablar de la revolución tecnológica equivale a hablar de la revolución digital y de una categoría, la información, que parece envolverlo todo. En ella confluyen y por ella pasan todos los desarrollos anteriores de la ciencia y la tecnología. Hasta los físicos piensan ya en el universo como en un gigantesco ordenador; mucho se discutió sobre si el mundo estaba hecho de átomos o historias pero al final se decidió que estaba hecho de bits y asunto resuelto.

Lo importante de la teoría de la información no son tanto sus definiciones sino la dirección que le impone a todo; cambiar esa dirección equivale a cambiar la de la tecnología en su conjunto. La dirección inequívoca, que hereda evidentemente de la mecánica estadística, es la de descomponerlo todo en elementos mínimos que luego se pueden recomponer a voluntad.

Para la mecánica estadística no hay una dirección en el tiempo: si no vemos a un jarrón hecho añicos recomponerse y volver sobre la mesa, es sólo porque no vivimos el tiempo suficiente; si un cuerpo deshecho en pedazos por una explosión no se rehace y vuelve a andar como si nada, es sólo porque no estamos en condiciones de esperar $10^{1.000.000.000}$ de años o algo similar.

A la teoría de la información no le concierne en absoluto la realidad del mundo físico, sino la probabilidad en sus elementos constituyentes, o más bien la probabilidad *dentro de su contabilidad* de los elementos constituyentes. El mismo mundo físico es por contra una fuente de recursos para la esfera del cálculo o computación, que querría ser totalmente independiente del primero.

¿Es esta visión estadística una postura neutral o es simplemente un pretexto para poder manipularlo todo sin el menor compromiso? No hay una respuesta única para esto. La mecánica estadística y la teoría de la información se aplican con éxito en innumerables casos, y en innumerables casos no puede ser más irrelevante. Lo preocupante es la tendencia que ya impone.

Es mi convicción que un cuerpo destrozado no se recompondrá espontáneamente nunca, por más fabuloso que sea el periodo de tiempo que escojamos. Y no creo que esto sea retórica; más bien los grandes números son la retórica de la probabilidad; una retórica tan inflada como pobre, porque ignora la interdependencia de las cosas.

Esa interdependencia, esa red infinita de interrelaciones, es lo que hace que las cosas sean lo que son. La mecánica estadística, y su hija la teoría de la información, son el marco más general para hablar de elementos independientes cuya relación está regida por el azar; la función zeta de Riemann, la forma más directa y elegante de abarcar una serie infinita de elementos, los propios números, que son a la vez independientes y dependientes, aparentemente aleatorios y conteniendo simultáneamente una riqueza infinita de relaciones.

De este modo, parece que tarde o temprano la teoría de la información y la de la función zeta tendrán que encontrarse. Hoy los números ya no parecen existir para entender el mundo, sino para triturarlo y estrujarlo, y con él a todos nosotros. La teoría de la información parece haberse convertido en el embudo, en el temible horizonte de sucesos para todas las cosas; pero a su vez la función zeta podría convertirse en el horizonte de sucesos para la propia Era de la Información a medida que el concepto mismo de información, tan sumamente genérico, se va refinando y adquiriendo contenido.

Sin embargo, y de forma un tanto sorprendente, no existe prácticamente ninguna literatura sobre la relación entre la función zeta y la teoría de la información. En nuestra búsqueda sólo encontramos una breve nota debida a K.K. Nambiar, en la que intentaba mostrar una conexión entre la capacidad del canal y la función, con una "serie de Shannon" y una función zeta de Shannon. La idea era merecedora de mucha mayor elaboración, discusión y desarrollo. Por otra parte la equivalencia entre la función zeta y el teorema de muestreo fundamental para el procesamiento de señales parece que ha sido demostrada [69].

El mismo autor emitía una nota aún más breve estableciendo un equivalente eléctrico de la hipótesis de Riemann en términos de la potencia disipada por la red; por supuesto también se han establecido equivalentes más elaborados en términos de potencial eléctrico, pero aquí estamos más interesados en la termodinámica. Se pueden crear infinitas formas de onda con patrones de radiación que contengan los ceros, la cuestión es cómo modularlos. Ya en 1947 Van der Pol había creado un dispositivo electromecánico analógico para computar ceros de la zeta [70].

Si no directamente con la teoría de la información, sí existen al menos muchos más estudios que relacionan la función con aspectos íntimamente relacionados: entropía, estadísticas y probabilidad [71]. Aquí nos centraremos en el concepto de entropía.

Entropía e información son términos casi sinónimos, y si en termodinámica la entropía se veía como pérdida de energía aprovechable como trabajo, ahora se verá como pérdida de información. A la entropía de Shannon se la llamaba al comienzo *autoinformación* o nivel de sorpresa —un mensaje debería contener algo nuevo.

La confusión de la entropía con el desorden se debe a la racionalización de Boltzmann al pretender derivar la irreversibilidad macroscópica de la reversibilidad mecánica, lo que ya es forzar bien las cosas. Fue Boltzmann, al hablar de "orden", el que introdujo un elemento subjetivo. Clausius, al pensar sólo en términos de energía, lo entendió, sino mejor, sí de forma más natural al decir que la entropía del mundo tiende al máximo.

El orden es un concepto subjetivo. Pero decir mundo es decir orden, luego también la idea de mundo es inevitablemente subjetiva. Por más subjetivos que sean, "orden" y "mundo" no son sólo conceptos, son aspectos vitales de todo ser organizado o "sistema abierto". Con todo, incluso nuestra intuición del orden y la entropía se encuentran confundidos.

No es que con la entropía aumente el desorden. Más bien al contrario, la tendencia hacia la máxima entropía es conducente al orden, o mejor expresado, lo más ordenado tiene más potencial de disipación. Tal como lo puso Rod Swenson: "el mundo está en el asunto de la producción de orden, incluida la producción de seres vivos y su capacidad de percepción y acción, pues el orden produce entropía más rápido que el desorden"[72].

La teoría de la información es un marco formal y objetivo pero no puede librarse del giro reflexivo en la representación y el uso de los datos. Una cosa es la información como objeto y otra la información con la que un sistema abierto interactúa y contribuye a configurar. Aunque en modo caja negra, en muchos casos la interpretación ya es parte del comportamiento del sistema.

Las ambigüedades y limitaciones de la teoría de la información han dado paso a marcos más incluyentes, como la filosofía de la información de Luciano Floridi, que, para decirlo de manera muy simplificada, contemplan la *información semántica* como datos + preguntas [73]. El acercamiento de Floridi aún sigue siendo claro heredero del dualismo cartesiano y el idealismo, y en esta decisiva divisoria nosotros preferimos hablar de dos tipos, externo e interno, de información y entropía: hay una "información-entropía objeto" y hay una "información-entropía-mundo" dentro de la que se incluyen los sistemas abiertos que interactúan con él. La entropía de Boltzmann y la de Shannon son del primer tipo, la de Clausius y aquella con la que trabajan los ingenieros en problemas físicos está más cercana a la segunda.

La conexión entropía—función zeta ha sido tardía y no empieza a tomar forma sino entrados ya en el siglo XXI. A un nivel muy básico, se puede estudiar la entropía de la secuencia de ceros: una alta entropía comportaría escasa estructura, y al contrario. Se observa que la estructura es alta y la entropía baja, y ya las primeras redes neuronales de aprendizaje automático tenían éxito en su predicción [74]. También, por supuesto, se puede estudiar la entropía de los números primos en la secuencia ordenada de lo números y su correlación con los ceros; y a partir de ahí tenemos ya un espectro prácticamente ilimitado de correlaciones.

Hay otros tipos no extensivos de entropía independientes de la cantidad de material, como la entropía de Tsallis, que pueden aplicarse a la zeta; estos tipos de entropía se asocian generalmente a leyes de potencias, no a exponenciales. Pero en realidad aquí, como en la termodinámica en general, la definición de la entropía puede variar de autor a autor y de aplicación a aplicación.

Para tratar de unificar esta multiplicidad de acepciones, Piergiulio Tempesta ha propuesto una entropía de grupo [75]. Tanto en los contextos físicos como en sistemas complejos, en economía, biología o ciencias sociales, la relación entre las partes depende de modo crucial de cómo definamos la *correlación*. Este es también el asunto central de la minería de datos, las redes y la inteligencia artificial.

A cada ley de correlación le puede corresponder su particular entropía y estadística, en lugar de lo contrario. Así, no hace falta postular la entropía, sino que su funcional emerge de la clase de interacciones que se quiere considerar. Cada clase universal de entropía de grupo adecuada está asociada a un tipo de función zeta. La función zeta de Riemann estaría asociada a la entropía de Tsallis, que contiene a la entropía clásica como un caso particular. Pero estas leyes de correlación se basan en elementos independientes, mientras que la irreversibilidad fundamental parece rechazar ese supuesto. La irreversibilidad fundamental asume la interdependencia universal.

Mencionábamos antes el teorema de Voronin sobre la universalidad de la función zeta de Riemman, que demuestra que cualquier tipo de información de cualquier tamaño que pueda almacenarse existe con toda la precisión que se quiera dentro de esta función —y uno una sola vez, sino un número infinito de veces. Parece que hay un "código zeta" que podría ser objeto de la teoría algorítmica de la complejidad Pero la función zeta de Riemann, en sí misma una enciclopedia infinita de correlaciones y leyes de correlación, es a su vez sólo el caso principal de una familia infinita de funciones asociadas.

Uno también podría encontrar cualquier tipo de información en un ruido blanco; pero el ruido blanco carece de cualquier estructura, mientras que la función zeta, bien definida, tiene una estructura infinita. Si Hegel hubiera conocido ambos casos hubiera hablado de falsa y de verdadera infinitud; veremos que estas apercepciones hegelianas no están aquí del todo fuera de lugar.

La *seriedad* de un problema como el de la zeta exige contemplar *a fondo* el problema de la irreversibilidad. Y contemplarlo a fondo significa justamente incluirlo al nivel más fundamental. Usar la mecánica conservativa será siempre trabajar con modelos de juguete, ninguno de los cuales ha servido para mucho.

La escuela de Keenan del MIT, especialmente con Hatsopoulos, Gyftopoulos y Gian Paolo Beretta, ha desarrollado una termodinámica cuántica que se opone frontalmente a la racionalización de la entropía por la mecánica estadística. La dinámica es irreversible al nivel más fundamental —la mecánica cuántica también es irreversible. El número de estados es incomparablemente mayor que el de esta, y sólo algunos son seleccionados. El principio de selección es muy parecido al de producción de máxima entropía, aunque algo menos restrictivo: se trata de la atracción en la dirección con la entropía más pronunciada. No hay que hacer grandes cambios en los formalismos acostumbrados, lo que se transfigura es el sentido del conjunto [76].

También se retienen los formalismos del equilibrio, pero su sentido cambia por completo. El carácter único de los estados de equilibrio estables supone una de las transformaciones conceptuales más profundas de la ciencia de las últimas décadas. El planteamiento es contrario al idealismo de la mecánica y mucho más en consonancia con la práctica diaria de los ingenieros, que tratan la entropía como una propiedad física tan real como la energía. La teoría tiene muchas más ventajas que sacrificios, y se puede aplicar al entero dominio del no equilibrio y a todas las escalas temporales y espaciales.

Pero por supuesto la irreversibilidad se puede introducir directamente en dinámica empezando por la mecánica clásica, tal como vimos en la reformulación de M. J. Pinheiro, sustituyendo el principio de acción lagrangiano por un sistema de equilibrio entre energía y entropía. Esto permite estudiar la entropía generada en trayectorias clásicas bajo diferentes formalismos y criterios, estableciendo otra conexión general entre los diversos dominios.

En general, para el físico no tiene sentido cambiar ecuaciones que "ya funcionan perfectamente bien". Y, de hecho, lo que ha hecho siempre la física fundamental ha sido dejar a un lado cuestiones como el rozamiento y la disipación y quedarse con los "casos ideales". El principio de inercia es perfecto para eso. De esta forma la termodinámica era cuidadosamente segregada como un subproducto de la física ideal, lo que no deja de ser una curiosa disposición.

Pero deberíamos tratar de verlo al revés: ver cómo emerge la apariencia de comportamientos reversibles de un fondo de irreversibilidad es lo más parecido que puede haber a encontrar el anillo mágico en el seno de la naturaleza. Hoy por hoy la física no trata de la naturaleza, sino de ciertas leyes que le afectan. Irreversibilidad y reversibilidad son como el fuego y el agua; sólo mezclándolos de la forma correcta puede iluminarse la acción de la naturaleza propiamente dicha.

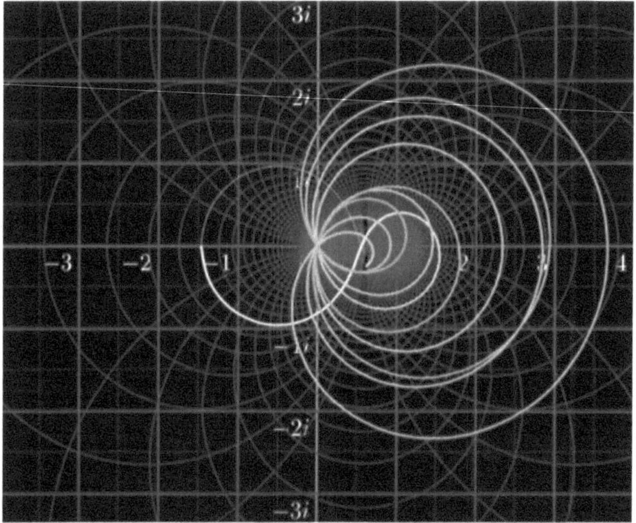

El giro irónico es que la mecánica, con su disposición idealista, ha segregado la termodinámica; pero finalmente será la propia teoría de la información, la consecuencia última de la mecánica, la que necesitará recuperar todo lo eliminado si quiere recobrar su sentido. Y la función zeta debería jugar un papel esencial en esa muda y transfiguración de la teoría de la información. A la teoría de la información le interesa la mecánica irreversible… porque le aporta más información. Y una información de una importancia crítica [77].

*

La idealización y la racionalización son como las míticas rocas Simplégades que entrechocaban destruyendo a navíos y navegantes; sólo el que comprenda sus peligros y las evite podrá pasar al otro lado.

Hemos visto como este proceso alterno es inherente a la evolución histórica de disciplinas como el cálculo, la mecánica clásica y la cuántica, o la mecánica estadística. Ni siquiera la apelación a los resultados y experimentos consigue frenar las pretensiones globalizadoras de la racionalización, puesto que ésta siempre encuentra formas de justificar las inconsistencias.

En filosofía, el mejor ejemplo del paso a gran escala de la idealización a la racionalización nos lo da Hegel. En un interesante artículo, Ian Wright intenta explicar la naturaleza de la función zeta de Riemann, recurriendo al Hegel de la *Ciencia de la Lógica,* como la mediación entre el ser y el no ser a través del devenir en el seno de los números [78]. A muchos puede parecerles una lectura demasiado anticuada, pero cabe decir tres cosas:

Primero, que desde el punto de vista de la aritmética pura, esto es admisible puesto que si existe una parte de la matemática que puede considerarse a priori, esa es la aritmética; mientras que, por otro lado, la misma definición de esta función afecta a la totalidad de los números enteros, y su extensión a los números reales y complejos.

[187]

Segundo, que el cálculo no es matemática pura como la aritmética, aunque muchos especialistas parecen creerlo, sino matemática aplicada al cambio o devenir. Si no lo fuera, no habría necesidad de computar los ceros. La función zeta es una relación entre la aritmética y el cálculo tan estrecha como incierta.

Tercero, para las ciencias experimentales como la física la oposición entre ser y no ser no parece tener alcance sistémico, y para ciencias formales como la teoría de la información esto se reduce a fluctuaciones entre unos y ceros; sin embargo la distinción entre sistemas reversibles e irreversibles, abiertos y cerrados, que se sitúa en el meollo mismo de la idea de devenir, es decisiva y está en la misma cruz del asunto.

En problemas como el que plantea la función zeta en relación con la física fundamental, podrían realizarse pronto experimentos cruciales capaces de desentrañar la relación entre lo reversible e irreversible en los sistemas —siempre que se busque expresamente. Por ejemplo, un equipo japonés mostraba muy recientemente que dos índices distintivos de caos cuántico, de no-conmutatividad y de irreversibilidad temporal, son equivalentes para estados inicialmente localizados. Como es bien sabido, se ha estudiado mucho esta función desde el punto de vista de los operadores no conmutativos, en los que el producto no siempre es independiente del orden, luego esto pone en contacto dos áreas tan vastas como hasta ahora distantes [79].

Ante el auge experimental de la informática y termodinámica cuánticas, junto a toda la constelación de disciplinas asociadas, no van a faltar oportunidades de diseñar experimentos clave. Por otro lado, cada día es más claro que la segunda cuantización, que se ocupa de sistemas con muchos cuerpos, demanda un acercamiento espectral, tal como viene insistiendo Alain Connes y otros investigadores [80]. Además de su interés teórico, el alcance práctico de una tal teoría espectral podría ser extraordinario — piénsese sólo en la química; pero probablemente es la segregación de la irreversibilidad termodinámica lo que nos impide calar el fondo del asunto.

Se dice que el electromagnetismo es un proceso reversible, pero nunca se ha visto que los mismos rayos de luz vuelvan intactos a la bombilla. Lo irreversible es lo primario, lo reversible es sólo un ajuste de cuentas —lo que en absoluto le quita su importancia. Incluso las ecuaciones de Maxwell pertenecen a dos categorías termodinámicas distintas.

Pero a los físicos siempre les han fascinado los juguetes reversibles, independientes del tiempo, lo que algunos han visto como una postrera recurrencia de la metafísica. ¿Y qué si no? No existen sistemas cerrados ni reversibles en el universo, que son sólo ficciones. La metafísica es un arte de la ficción y la física ha continuado la metafísica con otros medios con lo coartada de que ahora sí descendía a la realidad. Y sin duda lo ha hecho, pero, ¿a qué precio?

Antes pusimos el ejemplo del corredor que atrapa la pelota como un contraste tanto para el cálculo estándar como para la idea hoy predominante de la inteligencia artificial. Esta forma directa de cálculo, que realizamos todos sin saberlo, podría ser la mejor ilustración del método del diferencial constante de Mathis. Mathis es el primero en admitir que no ha podido aplicar el principio incluso en muchos casos del análisis real, por no hablar del análisis complejo, del que ni siquiera se ocupa. No hay ni que decir que la comunidad matemática no se detiene a considerar propuestas tan limitadas.

Sin embargo el diferencial constante es la verdad misma del cálculo, sin idealizaciones ni racionalizaciones, y no deberíamos desestimar algo tan precioso incluso si no acertamos a ver cómo se puede aplicar. Si en las tablas de valores de la función no se halla un diferencial constante, aún podemos estimar la dispersión, y quien dice dispersión, también puede decir disipación o entropía.

De este modo se puede obtener una *entropía intrínseca* a la función, a su mismo cálculo, antes que a correlaciones entre sus diversos aspectos y partes. Esta sería, al nivel más estrictamente funcional, la madre de todas las entropías. Se debería poder aplicar este criterio al análisis complejo, al que Riemann hizo contribuciones tan fundamentales, y del que surgió la propia teoría de la función zeta.

El criterio del diferencial constante puede incluso recordarnos a los métodos de valores medios del propio cálculo elemental o la teoría analítica de números. Pero no es un promedio, es por el contrario el cálculo estándar el que trabaja con promedios —que sin esta referencia carecen de medida común. Los métodos de diferencias finitas ya han sido utilizados para estudiar la función por algunos de los más conocidos especialistas. Por lo demás, y para darle aún más interés al asunto, hay que recordar que ambos métodos *no* siempre dan los mismos valores.

Así se cumplirían simultáneamente varios grandes objetivos. Se podría conectar el elemento más simple e irreductible del cálculo con los aspectos más complejos que quepa imaginar. Algo menos apreciado, pero no menos importante, es que se pone en contacto directo la idea de función con aquello que no es funcional —con lo que no cambia. El análisis es el estudio de tasas de cambio, ¿pero cambio con respecto a qué? Debería ser con respecto a lo que no cambia. Este giro es imperceptible pero trascendental.

Conviene recordar que Arquímedes no inventó el cálculo, pero inventó *el problema* del cálculo, al buscar soluciones tendentes a cero. Mathis está rectificando un planteamiento que tiene ya más de 2.200 años.

El método directo se ríe en la cara del "paradigma computacional" y su fervoroso operacionalismo. La idea que ahora prima sobre la inteligencia como "capacidad de predicción" es completamente reactiva; de hecho ya ni se sabe si es la que queremos exportar a las máquinas o la que los humanos quieren importar de ellas. Percibir lo que no cambia, aunque no cambie nada, da profundidad a nuestro campo. Percibir sólo lo que cambia no es inteligencia sino confusión.

Por otra parte la definición de las condiciones de equilibrio, como suma y como producto, como perspectiva externa e interna, como aplicable a sistemas cerrados y abiertos, como cantidades intensivas y extensivas con sus posibles desgloses, como reversibilidad e irreversibilidad, están en el núcleo de los aspectos algebraicos complementarios a los aspectos analíticos que deben concurrir a hacer más explícito lo intrínseco en una comprensión más profunda de la función zeta.

Si nuestra lectura tiene algo de correcta, la limpieza y clarificación del enorme campo de la termodinámica y la entropía, con todo el trabajo que tiene por delante, estaría estrechamente asociada al avance en la comprensión de la función zeta. No parece una perspectiva nada halagüeña, puesto que se trata de un trabajo muy "sucio" si se lo compara con la ejercitación en los bellos jardines de la teoría de los números. Sin embargo la conexión entre ambos dominios puede verse grandemente allanada por nociones analíticas como la entropía intrínseca y la introducción de la irreversibilidad en el fundamento de la mecánica analítica.

*

En este libro hemos visto que los campos *gauge* o recalibrados de la teoría estándar, basados en la invariancia del lagrangiano, exhiben un feedback o autointeracción. Ni siquiera la esconden, y los teóricos llevan generaciones apartándosela de la cara como si fuera un moscardón, porque les parece una idea "tonta". También hemos mencionado cómo el grupo de renormalización en la base de la teoría estándar y otros campos de la estadística, que contiene esta autointeracción, es el mismo que se utiliza en las redes neuronales de inteligencia artificial —se está utilizando externamente algo que el campo electromagnético ya tiene incorporado "de fábrica". Llamémoslo, si se quiere, otro tipo de inteligencia natural.

[191]

Nadie creó los números enteros, y el hombre hizo todo lo demás. La función zeta es un candidato ideal para crear en torno a ella una red emergente de inteligencia artificial colectiva. En ella coinciden, a la par que la adición y la multiplicación, los aspectos internos y externos del acto de contar, lo que algunos llamarían el objeto y el sujeto. En este tipo de redes serían claves el uso o grado de aprovechamiento del sustrato físico, la relación entre componentes digitales y analógicos en ordenadores híbridos, las condiciones de equilibrio entre las distintas partes, los algoritmos que simulen la estructura de los enteros, las estructuras que tratan de percibirlos o filtrarlos, el espectro de correlaciones, y un gran número de aspectos que no podemos ni enumerar aquí.

De este modo tal vez se pueda crear una inteligencia no tan artificial distribuida, colectiva y emergente ajena a la inteligencia humana definida por propósitos, y sin embargo con posibilidad de comunicación con el ser humano a través de un acto común, contar, que también para los humanos existe a niveles muy superficiales —se entiende que el propósito es lo superficial. La intelección es un acto simple y la inteligencia una conexión o toma de contacto de lo complejo con lo simple, más que lo contrario.

Como ejemplo magno de totalidad analítica indigerible para los métodos modernos, la función zeta es todo un signo. Alguien, en una postura típica de la Era de la Información, podría decir que, si en esa función ya se encuentra cualquier información, más nos valdría buscar las respuestas allí en vez de en el universo. Pero lo contrario es lo acertado: para comprender mejor la función hace falta cambiar las ideas de cómo "funciona" el universo y el rango de aplicación de los métodos más generales. Esa es la gracia del tema.

Hasta ahora la física matemática de la que surgió toda la revolución científica ha estado aplicando estructuras matemáticas a problemas físicos para obtener una solución parcial por medio de una habilidosa ingeniería inversa. El cálculo mismo surgió en este proceso. Por el contrario, lo que tenemos aquí es procesos físicos que reflejan espontáneamente una realidad matemática para la que no se conoce solución. Lo cual ya nos invita a cambiar nuestra lógica de arriba abajo.

En cuanto a la información propiamente dicha, si con Shannon prevalece el aspecto secuencial del flujo de unidades de información, a medida que nos movemos hacia cantidades más masivas de datos aumenta imparablemente la relevancia de las correlaciones, que incluso tienden a constituirse en una esfera autónoma.

Los datos que usamos directamente son una cosa y los metadatos que se pueden elaborar con esos datos y su múltiples correlaciones con otros datos, otra muy diferente. Lo mismo puede decirse de una secuencia genética y el análisis multifactorial de las relaciones entre los distintos genes, etcétera. Una esfera de Riemann, o una superficie de Riemann con muchas capas como una cebolla, parecen representaciones mucho más adecuadas para la realidad multidimensional del análisis que la cada vez más insignificante relación de secuencias causales.

Sin embargo la función zeta encierra la relación más básica entre la secuencia más simple de todas, la de los números enteros, y el mundo infinito de correlaciones entre sus elementos. En ningún momento se debe perder de vista el elemento más primitivo de la cuestión, antes al contrario. Toda la atención a lo insondablemente simple es poca. No deberíamos olvidar de dónde vienen los problemas, ni en la teoría de la información, ni en el cálculo, ni en la mecánica.

Justo cuando menos importancia podemos darle a la causalidad mecánica, más atención deberíamos prestarle, pues en realidad siempre se trató de un asunto global, no local, y eso ha de tener relevancia incluso donde menos esperamos. Si la inexplicada dinámica de la zeta no es consistente con los fundamentos de la mecánica, cambiemos la mecánica, pues la comprensión del problema lo merece. ¡Para una vez que en física canta la Naturaleza, en vez del espíritu de las leyes!

Hoy ya no se trata tanto de dominar la Naturaleza como de dominar la tecnología, puesto que esta presenta ya más potencial de destrucción para el ser humano que la primera. Sin embargo, dominar la tecnología demanda liberar la Naturaleza de restricciones sobreimpuestas por una tecnociencia demasiado instrumentalizada desde su comienzo. Considerada la historia de la ciencia en su conjunto, tal vez no es tan sorprendente que ahora la vengadora sea la más desinteresada de todas las ciencias, la inútil pero eterna teoría de los números. *En un capítulo anterior dijimos que el concepto de orden no es menos subjetivo que el de armonía; ni que decir tiene que esto podría dar lugar a una interminable discusión. Hay muchas definiciones formales del orden en matemáticas para muchos casos completamente diferentes, pero difícilmente podría discutirse que la base de todos está en los números naturales. De hecho son ellos los que permiten que la matemática pueda ordenar múltiples órdenes de cosas.

Los aspectos paradójicos de la entropía están relacionados con el carácter relativo de la noción de orden. Lo más ordenado tiene más potencial para ser desordenado que lo que ya está en completo desorden, lo que puede traducirse en la paradoja social de la entropía: cuando más compleja es la sociedad, más desorden parece que produce. Por otra parte, también vimos antes que la entropía no tiene porqué ser la mejor medida de la complejidad, y que la densidad de flujo de energía puede ser más reveladora. Se trata de cuestiones de gran alcance que habría que estudiar con gran cuidado.

Podría incluso decirse que el azar puro y duro es el orden supremo, y algo o mucho de esto es lo que parece sugerir la disposición de los primos dentro del sistema de los números naturales, tan caóticos localmente y con una tan llamativa estructura global —o como ha dicho un matemático, creciendo como malas hierbas y a la vez marchando como un ejército.

La función zeta es una transformación de la tradicional *serie armónica* (1+1/2+1/3+1/4...) para que el resultado no resulte divergente. La serie armónica, atribuida en Occidente a los pitagóricos y también conocida en China en una época similar, nos da los armónicos añadidos a la longitud de onda fundamental de una cuerda que vibra, y nos permite entender los intervalos musicales, las escalas, la afinación y el timbre.

Ha sido precisamente dentro de la teoría musical que Paul Erlich ha combinado la entropía de Shannon con la teoría de la armonía para definir una *entropía armónica* relativa. La entropía armónica, "el modelo más simple de consonancia… responde a la pregunta ¿cuán confundido está mi cerebro cuando escucha un intervalo? Para responder a esta pregunta se asume sólo un parámetro" [81].

El concepto de entropía armónica de Erlich profundiza la línea de investigación abierta por el ingeniero y psicoacústico Ernst Terhardt, quien ya había introducido nociones como la de tono virtual. Los tonos virtuales, en contraste con el los tonos espectrales, son aquellos que el cerebro extrae incluso si la señal está encubierta por otros sonidos. El oído tiene una fuerte propensión a ajustar lo que escucha en una serie armónica con escasas variantes.

La entropía armónica puede considerarse como una suerte de "disonancia cognitiva", pero también está relacionada con la incertidumbre intrínseca de las series temporales.La entropía armónica tiene una sólida base teórica que hace un uso extensivo de la función zeta de Riemann. Se cierra así un círculo que no muchos conocen, puesto que el propio Riemann realizó un estudio memorable, aunque inacabado, de la mecánica del oído que ya consideraba los aspectos globales de la percepción auditiva y estaba mucho más avanzado conceptualmente que el modelo reduccionista de Helmholtz que le sirvió de referencia.

A Riemann ya le llamaba la atención, entre otras muchas cosas, la increíble sensibilidad de los detectores del oído interno, que hoy se sabe que pueden captar desplazamientos menores que el tamaño de un átomo, o de un 1/10 de una molécula de hidrógeno. ¿Sería posible ilustrar el comportamiento de la función zeta con una analogía acústica precisa? ¿Podemos llevarlo hasta esa zona donde se funden entendimiento y percepción?

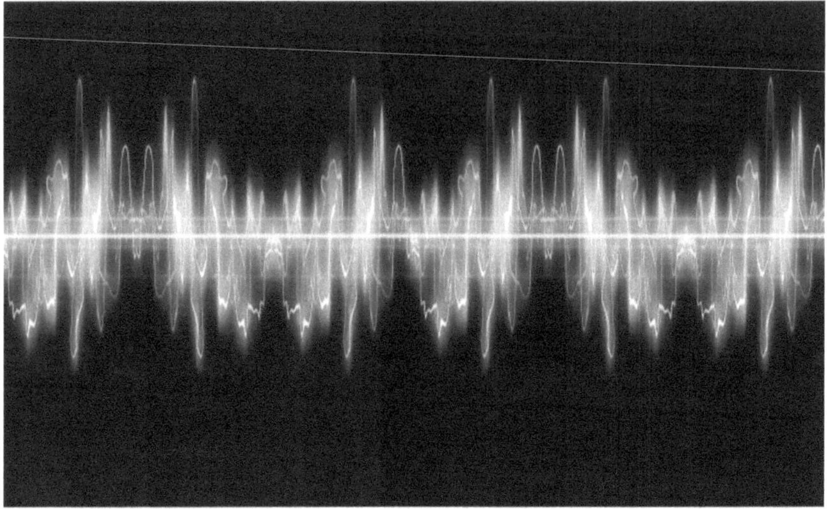

Ciertamente, las cuestiones relativas a la sensibilidad no están entre las que más importan a los matemáticos; pero aquí es fácil ver que estamos ante un problema con varios niveles de interés añadido, para legos y expertos por igual. Si la matemática profunda alcanza nuestra percepción, igual de profundamente cambia nuestra percepción de la matemática, algo que nunca ha sido tan necesario como ahora. Existe una amplia gama de experimentos psicoacústicos para tentar hasta dónde se puede llegar. Erlich usa las series de Farey, una de las formas más simples de la ilustrar la hipótesis de Riemann.

Diversos físicos han mostrado interés por la conversión de la función zeta y los números primos en sonido; pero los experimentos de los que hablamos no tienen por qué referirse directamente a esta función, sino antes que nada a las cuestiones más genéricas de complementariedad interna entre tonos espectrales y virtuales. Los límites para la sonificación de los aspectos aritméticos dependerían del alcance de esta complementariedad.

La conversión de la función zeta en algo perceptible en términos de entropía armónica debería ser buscado con tanto o más afán que los sistemas físicos capaces de replicarla, además de tratarse de un empeño más unitario. De hecho no son problemas del todo diferentes aunque se nos manifiesten como extremos subjetivo y objetivo de la cuestión, lo que no deja de ser engañoso.

Desde el punto de vista más utilitario de las redes neuronales y la inteligencia artificial, cada día es más aceptada la visión de que hay una continuidad básica entre la percepción y los llamados aspectos cognitivos "superiores". Las ideas de Riemann sobre la audición como abstracción analítica son justamente las que se aplican ahora, 150 años más tarde, a los modelos computacionales que intentan reproducirla.

Redes distribuidas como la que antes mencionábamos, por ejemplo, carecerían de algo esencial sin una capacidad de filtrar o percibir los números análoga a la que tienen el oído y el cerebro al realizar su selección y reinterpretación de las señales acústicas. El inacabado estudio del oído de Riemann, que llama a la analogía "la poesía de la hipótesis", es de 1866. La ley psicofísica, diferencial y logarítmica, de Weber-Fechner data de 1860; el estudio del oído de Helmholtz, de 1863. En 1865 Clausius hace pública la primera definición de la entropía.

Sin duda Riemann, como de costumbre, andaba detrás de algo profundo e importante —aunque habría tenido que esperar al menos cien años para juntar debidamente las piezas. Hoy ya podemos hacerlo, aunque no sin realizar primero algunos simples, pero fundamentales ajustes.

Tampoco hay duda de que la audición tiene unos límites físicos, pero también cognitivos y psicofísicos, y que éstos últimos actúan sobre los primeros de forma tal que nos encontramos ante umbrales variables definidos por la entropía armónica. Dentro de esa interacción se encontraría la función zeta.

¿Hay un lugar para la matemática de la armonía, basada en la proporción continua, dentro de este contexto de la serie armónica y su evolución en el espacio ilimitado del análisis? Decididamente no, si se piensa en relaciones aritméticas explícitas; al menos hasta ahora los matemáticos no han encontrado nada digno de mención. Volveríamos así a la hipótesis que asegura que de los *Elementos* de Euclides se derivan dos tradiciones diferentes que no se mezclan más que el agua y el aceite.

En el mundo de las apariencias, el agua y el fuego no entran en contacto salvo a la manera de una nube o un vapor. Desde el primer capítulo nos hemos estado preguntando cuáles pueden ser las relaciones de la proporción continua con el análisis y parece que todavía no hay una respuesta definitiva sobre el tema, pero desde luego uno de los hilos sería las conexiones de dicha proproción con la entropía, el cálculo elemental y la teoría algorítmica de la medida.

No hace falta decir que la diferencia entre números algebraicos y trascendentales, tan importante en el cálculo y la aritmética, es irrelevante para la acústica y la mayoría de las situaciones prácticas.

Así, la serie armónica y el análisis, el mundo de las ondas que refleja las formas, estarían del "lado del agua" y de la reversibilidad; la proporción continua, con su capacidad de combinar lo continuo y lo discreto, del "lado del fuego", la entropía y la irreversibilidad.

Por supuesto que análisis y síntesis se presuponen el uno al otro. La función zeta, una totalidad analítica con un polo, es en sí misma una prodigiosa síntesis, que además se presta a todo tipo de transformaciones, alternantes, simétricas, etcétera. Ahora bien, el principal componente sintético en la ciencia moderna se esconde en la idea misma de los *elementos*, como bloques fundamentales de construcción, en física átomos y partículas. Con ellos se creyó innecesario buscar otros recursos constructivos y sintéticos.

Esto es una herencia del atomismo fisicalista a la que aún debe sobreponerse la teoría de la información, puesto que la idea de elementos independientes siempre será menos restrictiva que las redes de correlaciones observables o empíricas.

Dejaremos este tema en suspenso y en su propia nube, para tratar de recordar lo que está más allá de la complementariedad, del análisis y la síntesis, del objeto y el sujeto. El ejemplo del cálculo informal del corredor tras la pelota nos dice que tanto la pelota como el corredor se desplazan mutua y correlativamente con respecto a lo que no se mueve —al Medio Invariable.

Este es el verdadero eje invisible de la actividad, puesto que el sujeto no es menos pensamiento que lo pensado. ¿Qué más se puede decir? Pero el pensamiento alado huye siempre de esa zona de calma, en eso consiste precisamente su vida. Seguramente esto es demasiado simple para nosotros, y por eso hemos descubierto e inventado la serie armónica, la proporción continua, la entropía o la función zeta.

*

La breve memoria de ocho páginas *Sobre el número de primos menores que una cantidad dada* de Bernhard Riemann se publicó en noviembre de 1859, el mismo mes en que aparecía *El origen de las especies*. Ese mismo año también conoció el arranque de la mecánica estadística con un precursor trabajo de Maxwell, y el punto de partida de la mecánica cuántica con la espectroscopia y la definición del cuerpo negro por Kirchhoff.

Siempre he tenido la oscura certeza de que en el reconcentrado estudio de Riemann, tan libre de cualquier propósito ulterior, hay más potencial que en toda la mecánica cuántica, la mecánica estadística y su hija la teoría de la información, y la teoría de la evolución juntas; o que al menos, en un secreto balance de cuentas, constituye un contrapeso para todas ellas. Aunque si ayuda a reconducir la fatal dinámica de infonegación de la realidad ya habrá sido suficiente.

[199]

Estos tres o cuatro desarrollos mencionados son después de todo hijos de su tiempo, teorías coyunturales y más o menos oportunistas. Es cierto que Boltzmann esperó y desesperó para que se admitieran los supuestos de la teoría atómica, pero toda su batalla la tenía con los físicos, porque los químicos ya llevaban tiempo trabajando con moléculas y átomos. Sin embargo en matemáticas los desfases operan a otra escala.

Verboso superventas, *El origen de la especies* se discutía en cafés y tabernas el mismo día de su presentación; pero la hipótesis de Riemann, aun siendo sólo la versión más fuerte del teorema de los números primos, no hay nadie que sepa por dónde cogerla después de 160 años. Está claro que hablamos de longitudes de onda diferentes.

¿Y qué tiene que ver un texto con el otro? Nada de nada, pero aún presentan un inasible punto de contacto y extremo contraste. La lectura habitual de la teoría de la evolución dice que el motor del orden apreciable es el azar. La hipótesis de Riemann, que los números primos están repartidos tan aleatoriamente como es posible, pero que ese carácter aleatorio esconde en sí mismo una estructura de riqueza infinita.

Los matemáticos, incluso viviendo en su propio planeta, van apercibiéndose poco a poco de que las consecuencias de probar o refutar la hipótesis de Riemann podrían ser enormes, inconcebibles. No es algo que pase todos los domingos, ni todos los milenios. Pero no hace falta pedir tanto: bastaría con *comprender* debidamente el problema para que las consecuencias fueran enormes, inconcebibles.

Y lo inconcebible empieza a ser más concebible precisamente a medida que nos adentramos en "la Era de la Información". Lo inconcebible podría ser algo que afectara simultáneamente a nuestra idea de la información, a su cálculo y a su soporte físico. Al *software* y al *hardware*: un cortocircuito en toda la regla.

Probablemente la información no es el destino, pero la función zeta puede ser el destino de la Era de la Información, su embudo y horizonte de sucesos. Esto nos alejaría de los fantasmas de la singularidad y nos acercaría a otro paisaje. La función zeta tiene un polo simple que es dual con los ceros —los ceros reflejan una información que la unidad no puede dar porque en ella deja de haber resultados finitos. Se insinúa así una enigmática envolvente de reflexividad para la galaxia informativa.

El fondo del problema no es una cuestión técnica. Pero muchas de sus consecuencias sí, y no sólo técnicas. Este desarrollo ha ido en gran medida a contrapelo del resto de los desarrollos científicos, y su asimilación afectaría profundamente a la dinámica del sistema en su conjunto.

Como los propios números primos, en la cronología y el ordenamiento temporal los acontecimientos no pueden parecer más fortuitos, pero desde otro punto de vista parecen destinados por el todo, empujados por el reflujo desde todas las orillas a encajar en el mismo instante en que tuvieron lugar. Riemann vivió en Alemania en mitad del siglo de Hegel, pero desde mediados de la centuria la oposición al idealismo no podía ser mayor en todos los ámbitos y en las ciencias en particular. El péndulo había tornado con toda su fuerza y la sexta década del siglo marcaba el apogeo del materialismo.

Hijo también de su tiempo, Riemann no pudo dejar de sentir agudamente las contradicciones decimonónicas del materialismo liberal; pero el matemático alemán, también físico teórico y experimental próximo a Weber, así como profundo filósofo natural, fue un heredero de Leibniz y Euler que continuó su legado por otros medios. Su convicción básica era que el hombre no tiene acceso a lo infinitamente grande, pero al menos puede acercarse a ello por el estudio de su contrapunto, lo infinitamente pequeño.

Eran años prodigiosamente fecundos para la física y la matemática. Riemann murió a los 39 años y no tuvo tiempo de articular una síntesis a la altura de sus concepciones y permanente búsqueda de la unidad. Síntesis entendida no como construcción arbitraria, sino como desvelamiento de lo indivisible de la verdad.

Pero lo logró donde menos cabía esperarlo: en la teoría analítica de los números. Una síntesis provisional que ha dado pie a la más célebre de las condiciones: "Si la hipótesis de Riemann es cierta…"

Esta síntesis tan inopinada y condicional vino a través del análisis complejo, justo en los mismos años en que los números complejos empezaban a aflorar en física buscando, igual que átomos y moléculas, más grados de libertad, más espacio para moverse. El rol de los números complejos en física es un tema siempre postergado puesto que se supone que su única razón de ser es la conveniencia —sin embargo a la hora de abordar la función zeta y su relación con la física no hay matemático que no se vea forzado a interpretar de algún modo esta cuestión, que los físicos asocian generalmente con rotaciones y amplitudes.

Pero el análisis complejo es sólo la extensión del análisis real, y para llegar al núcleo del asunto es obligado mirar más atrás. La síntesis condicional de Riemann nos habla de algo indivisible, pero se apoya aún en la lógica de lo infinitamente divisible; no ya para resolver el famoso problema, sino simplemente para estar en sintonía con él, tendría que entenderse en los términos de lo indivisible mismo, cuya piedra de toque es el diferencial constante.

¿Hay algo más allá de la información, de la computación, del ordenador? Claro que sí, lo mismo que hay más allá de las Simplégades. Una realidad mucho más vasta e indivisa.

Scot C Nelson [82] descubrió a finales del 2001 que las espirales logarítmicas que exhibe el crecimiento vegetal —girasoles, margaritas, piñas, etcétera- son un método de criba natural para los números primos. Como todo lo relacionado con la proporción continua y sus series numéricas asociadas, esto apenas ha recibido atención y parece relegado de antemano a la siempre creciente sección de coincidencias anecdóticas. Y sin embargo se trata de la primera conexión básica que se ha encontrado entre los números primos y estos ubicuos patrones de la filotaxis, lo que tendría que habernos dicho algo. A la luz del hallazgo de Nelson, parece haber "una simetría central de los números primos en el interior de los objetos tridimensionales", y el desarrollo vegetal tendría un algoritmo intrínseco de generación de primos en su devenir. El mismo paso de la recta numérica al desenvolvimiento de estos patrones en superficies y en tres dimensiones debería ser un hilo conductor para la intuición geométrica del tema fundamental de la aritmética. No es lo mismo tratar de vincular la aritmética con la "geometría" abstracta moderna que hacerlo con la geometría natural. La analogía mecánica tampoco se hace esperar: las partes se repelen como dipolos magnéticos con una minimización de la energía entre ellas, y a medida que la planta crece se reduce el retardo temporal entre la formación de nuevos primordios. Esto también ha de tener su traducción en términos ergoentrópicos y de entropía de la información.

Referencias

[1] John Arioni, *Golden Ratio in Yin-Yang*
https://www.cut-the-knot.org/do_you_know/GoldenRatioInYinYang.shtml

[2] Alexey Stakhov; *The Mathematics of Harmony — From Euclid to Contemporary Mathematics and Computer Science*
http://vixra.org/pdf/1602.0042v1.pdf
Ervin Wilson, *The scales from the slopes of Mt. Meru and other recurrent sequences,*
http://anaphoria.com/wilsonmeru.html

[3] Agno, *Imaginary Golden Ratio, My math forum*
http://mymathforum.com/number-theory/17605-imaginary-golden-ratio.html

[4] Math *Train, Imaginary Golden Ratio, StackExchange*
https://math.stackexchange.com/questions/1851698/imaginary-golden-ratio
Karl Dilcher, *Hypergeometric functions and Fibonacci numbers,*
https://www.fq.math.ca/Scanned/38-4/dilcher.pdf
Rogers-Ramanujan continued fraction
https://en.wikipedia.org/wiki/Rogers%E2%80%93Ramanujan_continued_fraction

[5] René Guenon, *Symbolism of the Cross,* Chapters XX-XXII.

[6] Peter Alexander *Venis, Infinity-theory —The great Puzzle*
http://www.infinity-theory.com/en/science/Main_pages/The_Great_Puzzle

[7] Richard Merrick, *Harmonically Guided Evolution*
http://interferencetheory.com/files/Harmonic_Evolution.pdf

[8] A. K. T. Assis, *The principle of physical proportions*
Relational Mechanics and Implementation of Mach's Principle with Weber's Gravitational Force (Apeiron, Montreal, 2014), 542 pages,
ISBN: 9780992045630

[9] Nikolay Noskov, http://bourabai.kz/noskov/index.html
The Phenomenon of Retarded Potentials,
The Theory of Retarded Potentials,
Limits of application of fields in classical mechanics

[10] Miles Mathis, http://milesmathis.com/
The Physics behind the Golden Ratio
More on the Golden Ratio and Fibonacci Series

[11] Miles Mathis, Explaining the Ellipse
Unlocking the Lagrangian

[12] Nicolae Mazilu, *A Newtonian Message for Quantization*
Nicolae Mazilu & Maricel Agop, *The Mathematical Principles of the Scale Relativity Physics I. History and Physics*

[13] Roger Tattersall, *Why Phi? Simplified: A brief Fibonacci tour of the Solar System*
Jan Boeyens, *Commensurability in the solar system*
Harmut Müller, *Global Scaling of Planetary Systems*

[14] Miles Mathis, *A Complete Correction to and Explanation of Bode's Law. The average deviation Mathis finds, based on a simple orbital law, is 2.75 %, exactly the same Roger Tattersall gives for the golden spiral.*
Miles Mathis, *A Redefinition of Gravity. Part IX. Why the Sun and Moon have the same Optical Size*

[15] Mario J. Pinheiro, *A reformulation of mechanics and electrodynamics*

[16] Miguel Iradier, *La Tecnociencia y el Laboratorio del Yo*
Rod Swenson, M. T. Turvey, *Thermodynamic Reasons for Perception-Action Cycles*

[17] Richard Merrick, *Harmonic formation helps explain why phi pervades the solar system*

[18] Gian Paolo Beretta, *What is Quantum Thermodynamics?*

[19] Xue-Jun Zhang and Zhong-Can Ou-Yang, *The Mechanism Behind Beauty: Golden Ratio Appears in Red Blood Cell Shape,* Marcy C. Purnell and Risa D. Ramsey (February 7th 2019). *The Influence of the Golden Ratio on the Erythrocyte*

[20] Miles Mathis, *Perturbation Theory in the Light of Charge*

[21] S.C. Tiwari, *Geometric Phase in Optics and Angular Momentum of Light*
Alexander Ershkovich, *Electromagnetic potentials and Aharonov-Bohm effect*

[22] A. K. T. Assis, *Relational Mechanics and Implementation* of Mach's Principle with Weber's Gravitational Force (Apeiron, Montreal, 2014), 542 pages, ISBN: 9780992045630

[23] Alejandro Torassa, *On classical mechanics,*

[24] René Guenon, *The metaphysical principles of the infinitesimal calculus, chapter XVII, Representation of the balance of forces*

[25] A. K. T. Assis, *History of the 2.7 K Temperature Prior to Penzias and Wilson*

[26] Stephen Spurrier, Nigel R. Cooper *Semiclassical Dynamics, Berry Curvature and Spiral Holonomy in Optical Quasicrystals*

[27] Nicolae Mazilu, *Mechanical Problem of Ether*

[28] C.K. Thornhill, *The foundations of relativity*

[29] Patrick Cornille, *Replication of the Trouton-Noble Experiment Patrick Cornille, Simple electrostatic aether drift sensors (SEADS): New dimensions in space weather and their possible consequences on passive field propulsion systems*

[30] Yuchao Zhang, Jie Gao, and Xiaodong Yang, *Optical Vortex Transmutation with Geometric Metasurfaces of Rotational Symmetry Breaking,*

[31] Michael Berry, *Quantal phase factors accompanying adiabatic changes*
Geometric phases, https://michaelberryphysics.files.wordpress.com/2018/03/berryd.pdf

[32] John Carlos Báez, *Black Holes and the Golden Ratio*

[33] Yasuichi Horibe, *An entropy view of Fibonacci Trees*
Takashi Aurues, The Fibonacci sequence in nature implies thermodynamic maximum entropy

[34] Miguel Iradier, *Towards a science of health? Biophysics and Biomechanics*

[35] Miguel Iradier, *Beyond control: feedback and potential*

[36] Mario J. Pinheiro, *A Variational Method in Out-of-Equilibrium Physical Systems*
Patrick Cornille, *Simple electrostatic aether drift sensors (SEADS): New dimensions in space weather and their possible consequences on passive field propulsion systems*

[37] R. Ferrer i Cancho, A. Hernández Fernández, *Power laws and the golden number*

[38] Aram Z. Mekjian, *Power law behavior associated with a Fibonacci-Lucas model and generalized statistical models*
Ilija Tanackov, *The golden ratio in probabilistic and artificial intelligence*
Myron Hlynka and Tolulope Sajobi, A Markov chain Fibonacci Model

[39] Soroko. E.M., *Structural Harmony of Systems*. Minsk: Nauka i Technika (1984) (Ruso). Comentado por A. Stakhov en [2].

[40] Yaniv Dover, *A short account of a connection of Power Laws to the Information Entropy,*
Matt Visser, *Zipf's law, power laws and maximum entropy*

[41] Mitchell Newberry, *Self-Similar Processes Follow a Power Law in Discrete Logarithmic Space*

[42] G. Rotundo, M. Ausloos, *Complex-valued information entropy measure for networks with directed links* (digraphs)

[43] A. Stakhov, op. cit. Petoukhov, S.V. *Metaphysical aspects of the matrix analysis of genetic code and the golden section.* Metaphysics: Century XXI. Moscow: BINOM (2006), 216250 (Ruso)

[44] Fernando C. Pérez-Cárdenas, Lorenzo Resca, Ian L. Pegg, *Coarse Graining, Nonmaximal Entropy, and Power Laws*

[45] Miles Mathis, *A Re-definition of the Derivative (why the calculus works—and why it doesn't)*
Miles Mathis, *Calculus simplified*
Miles Mathis, *My calculus applied to exponential functions*
Harlan J. Brothers, John A. Knox, *New closed-form approximations to the Logarithmic Constant e,*
John A. Knox, Harlan J. Brothers, *Novel Series-based Approximations to e*

[46] Paul Marmet, *The Subjectivity of Heisenberg's Uncertainty Relationship*
Miles Mathis, *One Thing is Certain: Heisenberg's Uncertainty Principle is Dead*
Wikipedia, *Intensive and extensive properties*
V.V. Aristov, *On the relational statistical space-time concept*
V. V. Aristov. *Relative Statistical Model of Clocks and Physical Properties of Time*
S E Shnoll, V A Kolombet, E V Pozharski|⁻, T A Zenchenko, I M Zvereva, A A Konradov, *Realization of discrete states during fluctuations in macroscopic processes*

[47] Peter Alexander Venis, *Infinity theory*

[48] Michael Howell, *Logarithmic derivatives sans the diminishing differentials*
http://milesmathis.com/howell4c.pdf

[49] Igor Podlubny, *Geometric and Physical Interpretation of Fractional Integration and Fractional Differentiation*

[50] Miles Mathis, *Electrical Charge*

[51] Evert Jan Post, *Quantum reprogramming —A long Overdue and Least Intrusive Reality Adaptation of the Copenhagen Interpretation*

[52] Dániel Schumayer, David A. V. Hutchinson, *Physics of the Riemann Hypothesis*

[53] Nicolae Mazilu, *Physical Principles in Revealing the Working Mechanisms of Brain, Part One*
Nicolae Mazilu, *The Classical Theory of Light Colors: a Paradigm for Description of Particle Interactions*

[54] Nicolae Mazilu, *A case against the First Quantization* (2010)

[55] C. K. Thornhill, *The kinetic theory of electromagnetic radiation*

[56] Irwin G. Priest, *A Proposed Scale for Use in Specifying the Chromaticity of Incandescent Illuminants and Various Phases of Daylight, (1932)*

[57] Paul Marmet, op. cit.

[58] David Hestenes, *Quantum Mechanics from Self-Interaction*
P. Catillon · N. Cue · M.J. Gaillard · R. Genre · M. Gouanère · R.G. Kirsch · J.-C. Poizat · J. Remillieux · L. Roussel · M. Spighel, *A Search for the de Broglie Particle Internal Clock by Means of Electron Channeling*
Shau-Yu Lan, Pei-Chen Kuan, Brian Estey, Damon English, Justin

M. Brown, Michael A. Hohensee, Holger Müller, *A Clock Directly Linking Time to a Particle's Mass*, Science 339, 554 (2013)
George Savvidy and Konstantin Savvidy, *Quantum-Mechanical Interpretation of Riemann Zeta Function Zeros*
Timothy H. Boyer, *Stochastic Electrodynamics: The Closest Classical Approximation to Quantum Theory,*
Nicolae Mazilu, Maricel Agop, *Role of surface gauging in extended particle interactions: The case for spin*

[59] Mario J. Pinheiro, *On Newton's Third Law and its Symmetry-Breaking Effects*
Koichiro Matsuno, *Information: Resurrection of the Cartesian Physics*

[60] E. J. Chaisson, *Energy Rate Density as a Complexity Metric and Evolutionary Driver,*
Energy Rate Density. II. Probing Further a New Complexity Metric,

[61] Georgi Yordanov Georgiev, Erin Gombos, Timothy Bates, Kaitlin Henry, Alexander Casey, Michael Daly, *Free Energy Rate Density and Self-organization in Complex Systems*

[62] A. Stakhov, op. cit. pgs. 120-125

[63] Vladimir A. Lefebvre:
https://www.researchgate.net/scientific-contributions/2034094747_Vladimir_A_Lefebvre
The algebra of conscience (review by J. T. Townsend),
https://www.researchgate.net/publication/256246817_Algebra_of_conscience_Vladimir_A_Lefebvre_Boston_Mass_Reidel_1982

[64] Raymond Abellio, *La structure absolue, Essai de phénoménologie génétique*, París, 1965

[65] McBeath, M. K., Shaffer, D. M., & Kaiser, M. K. (1995) *How baseball outfielders determine where to run to catch fly balls*, Science, 268(5210), 569-573.

[66] Víctor Gómez Pin, Filosofía. *El saber del esclavo*. Editorial

Anagrama, 1989.

[67] Miles Mathis, *A Disproof of Newton's Fundamental Lemmae*
A correction to the equation a = v2/r (and a Refutation of Newton's
Lemmae VI, VII & VIII)
What is pi?
The extinction of pi
The Manhattan Metric
The Cycloid and the Kinematic Circumference

[68] Gopi Krishna Vijaya, *Calculus and Geometry*
Celestial Dynamics and Rotational Forces In Circular and Elliptical
Motions
Original Form of Kepler's Third Law and its Misapplication in
Propositions XXXII-XXXVII in Newton's Principia (Book I)

[69] K. K. Nambiar, *Information-theoretic equivalent of Riemann*
Hypothesis (2003).
J. R. Higgins, *The Riemann Zeta Function and the Sampling Theorem*
(2009)
Er'el Granot, *Derivation of Euler's Formula and $\zeta(2k)$ Using the*
Nyquist-Shannon Sampling Theorem (2019)

[70] K. K. Nambiar, *Electrical equivalent of Riemann Hypothesis*
(2003)
Guðlaugur Kristinn Óttarsson, *A ladder thermoelectric parallelepiped*
generator (2002)
Danilo Merlini, *The Riemann Magneton of the Primes (2004)*
M. V. Berry, *Riemann zeros in radiation patterns: II.Fourier transforms*
of zeta (2015)
B. Van der Pol, *An electro-mechanical investigation of the Riemann*
zeta function in the critical strip (1947)

[71] Matthew Watkins, *Number Theory and Entropy; Number Theory*
and Physics Archive

[72] Rod Swenson, M. T. Turvey, *Thermodynamic Reasons for*
Perception-Action Cycles

[73] Luciano Floridi, *What is the Philosophy of information?*

[74] O. Shanker, *Entropy of Riemann zeta zero sequence (2013)*
Alec Misra, Entropy and Prime Number Distribution; (a Non-heuristic Approach) (2006)

[75] Piergiulio Tempesta, *Group entropies, correlation laws and zeta functions (2011)*

[76] Gian Paolo Beretta, *What is Quantum Thermodynamics (2007)*
También puede visitarse la página http://www.quantumthermodynamics.org/

[77] Miguel Iradier, *La estrategia del dedo meñique*

[78] Ian Wright, *Notes on a Hegelian interpretation of Riemann's Zeta function (2019)*

[79] Ryusuke Hamazaki, Kazuya Fujimoto, and Masahito Ueda, *Operator Noncommutativity and Irreversibility in Quantum Chaos (2018)*

[80] Ali H. Chamseddine, Alain Connes and Walter D. van Suijlekom, *Entropy and the spectral action (2018)*

[81] *Harmonic Entropy, Xenharmonic Wiki*
The Riemann Zeta Function and Tuning, Xenharmonic Wiki
Paul Erlich, *On Harmonic Entropy*, con comentario de Joe Monzo

[82] Scot. C. Nelson, *A Fibonacci Phyllotaxis Prime Number Sieve (2004)*